Émile Littré

De la physiologie

Sciences

Le code de la propriété intellectuelle du 1er juillet 1992 interdit en effet expressément la photocopie à usage collectif sans autorisation des ayants droit. Or, cette pratique s'est généralisée dans les établissements d'enseignement supérieur, provoquant une baisse brutale des achats de livres et de revues, au point que la possibilité même pour les auteurs de créer des œuvres nouvelles et de les faire éditer correctement est aujourd'hui menacée. En application de la loi du 11 mars 1957, il est interdit de reproduire intégralement ou partiellement le présent ouvrage, sur quelque support que ce soit, sans autorisation de l'Éditeur ou du Centre Français d'Exploitation du Droit de Copie , 20, rue Grands Augustins, 75006 Paris.

ISBN : 978-1976349195

10 9 8 7 6 5 4 3 2 1

Émile Littré

De la physiologie

Sciences

Table de Matières

I. – CONSIDÉRATIONS PRÉLIMINAIRES — 6

II. - DIVISION GÉNÉRALE — 14

III. - DE LA NUTRITION — 18

IV. — DU SYSTÈME NERVEUX — 27

V. — DU SYSTÈME MUSCULAIRE — 31

VI. — DES SENS — 34

VII. — DES FACULTÉS INTELLECTUELLES — 38

VIII. — DE LA GÉNÉRATION — 44

IX. — CONCLUSION — 48

I. – CONSIDÉRATIONS PRÉLIMINAIRES

Les plantes, les vers, les insectes, les poissons, les reptiles, les oiseaux, les quadrupèdes et l'homme, tel est l'objet de la physiologie, ou mieux, biologie. Rechercher ce qu'ont de commun ces êtres si divers, déterminer les conditions de la vie, en trouver, si je puis parler ainsi, les voies et moyens, et, avec des phénomènes aussi complexes, fonder une doctrine scientifique, certes c'est un des plus laborieux et difficiles problèmes que l'esprit humain se soit proposés, et l'avoir résolu est une de ses grandes gloires. Non qu'il faille entendre que la physiologie soit arrivée à la perfection, loin de là : elle est véritablement à son début ; mais il faut entendre que, désormais constituée, elle possède sa méthode et ses principes. Elle a cessé d'être ce qu'elle a été durant tant de siècles, une demi-science. Un mot sur son histoire me fera comprendre. Cette histoire est déjà longue, et le vaste intervalle de temps employé témoigne des immenses difficultés qu'offrit à l'esprit humain l'infinie complication des choses vivantes.

La Grèce a été le berceau de la physiologie. Les sciences se sont développées en raison de leur simplicité ; la plus facile de toutes, les mathématiques, a eu des rudiments en Égypte, en Phénicie, en Chaldée, avant que les Grecs, s'en emparant, y eussent fait tant et de si rapides progrès ; de même, des essais astronomiques précédèrent les découvertes de l'école grecque : rien de pareil ne se voit pour la physiologie ; elle naquit de la médecine (les sciences sont nées des arts) à peu près vers l'époque où florissait Hippocrate. Toutefois le premier travail physiologique qui nous soit parvenu appartient à Aristote, et ce premier travail est un chef-d'œuvre. Description d'un nombre immense d'animaux, comparaison des parties entre elles, vues profondes sur les propriétés essentielles à la matière vivante, tout cela se trouve dans les admirables ouvrages du précepteur d'Alexandre. Cependant les notions étaient encore si imparfaites, qu'Aristote ne connaît pas les nerfs ; or, imaginez quelle lacune doit faire, dans l'intelligence du mécanisme animal, l'ignorance d'un rouage si essentiel. Mais les travaux succèdent aux travaux, les observations aux observations, et l'école d'Alexandrie détermine anatomiquement et physiologiquement les principales propriétés du système nerveux. Environ quatre cents ans plus tard, Galien agrandit, systématise, résume la science, dont l'ère antique allait se clore. En effet, le monde occidental entrait dans une période de révolutions sans exemple. Pendant qu'une nouvelle religion s'établissait, et, créant une puissance spirituelle à côté de la temporelle, changeait les conditions de la société romaine, les barbares du Nord rompaient les digues et apportaient à tant de désordres un nouvel élément de perturbation. Dès-lors tout fut à refaire, sociétés, empires, religion, langues même. Au sein de cette pénible élaboration, il n'y avait pas place pour l'agrandissement des sciences. Ce qu'on pouvait désirer, c'est qu'elles s'entretinssent comme un feu caché sous la cendre ; et, de fait, elles s'entretinrent, la tradition ne fut pas rompue. Dans cet interrègne, les Arabes saisirent un moment le sceptre scientifique, et ce fut Galien qui reparut à la lumière dans le livre des musulmans. L'Occident, qui sortait de son chaos par ses propres efforts, stimulé de plus par l'influence des Arabes, prit part à l'œuvre, et ici encore Galien devint le docteur irréfragable. Ainsi la science moderne conservait pour base la science antique.

Ce fut en effet de là qu'à la renaissance les travaux partirent. Ils furent complètement dans la direction ancienne, c'est-à-dire qu'on s'efforça de plus en plus de découvrir le mécanisme anatomique du corps vivant. Cette direction, suivie avec ardeur, continua de donner de beaux et grands résultats. Ainsi fut dévoilée la circulation du sang, qui, à chaque tour, prend de l'oxygène dans les vaisseaux capillaires du poumon, et le perd dans les vaisseaux capillaires du reste du corps ; ainsi furent reconnues les voies par où le chyle parvient des intestins dans le courant circulatoire ; enfin, de nos jours même, ainsi fut constatée cette distinction capitale entre les nerfs, les unis consacrés au mouvement, les autres à la sensibilité. Malgré tous les services rendus par cette étude, malgré tous ceux qu'elle rendra encore, la physiologie serait restée incomplète et boiteuse, si une autre route ne lui avait été frayée. La recherche anatomique des fonctions laisse dans une ignorance absolue sur des questions fondamentales. Dès les premiers temps, les observateurs s'aperçurent que les plantes puisent leur aliment dans l'air et dans la terre, et que les animaux se nourrissent de substances végétales ; de la sorte, en définitive, c'est avec les éléments inorganiques que se composent les corps organisés. Quelles substances les végétaux

I. – CONSIDÉRATIONS PRÉLIMINAIRES

prennent-ils dans le sol ? quel agent l'air atmosphérique fournit-il aux êtres vivants ? quelle combinaison les éléments subissent-ils en entrant dans les corps animés ? et, en ces corps même, quelles affinités s'exercent ? Comment la sève, donne-t-elle naissance aux gommes, aux sucres, aux jus de toute espèce, et le sang, à la bile, à la salive, aux larmes ? Toutes ces questions devaient rester sans réponse, car elles ressortissaient à une science dont la constitution définitive n'a pas encore un siècle. Ainsi, on le voit, les anciens avaient abordé la physiologie par le seul côté qui leur fût accessible, par l'anatomie ; et, quelque progrès qu'on pût faire, on ne devait jamais avoir qu'un fragment de science. Cependant, lorsque la chimie eut été créée, quand on eut reconnu dans les corps vivants l'oxygène, l'hydrogène, l'azote et le carbone, qui jouent un si grand rôle dans la nature inorganique, alors la physiologie fut pourvue de tous ses moyens et maîtresse de son domaine. A ce point de vue, elle est postérieure à la chimie, qui, elle-même, l'est à la physique, qui l'est à l'astronomie, qui l'est aux mathématiques. Ces sciences se sont succédé dans l'ordre de leur complication et de leur difficulté, d'autant plus tôt amenées à un haut point de culture qu'elles sont plus simples et par là d'un abord plus facile à l'esprit humain. Et ici on ne peut pas ne pas être frappé d'une réflexion, c'est qu'à vrai dire nous en sommes seulement ait vestibule des sciences. Laissant de côté les mathématiques et l'astronomie, qui, elles du moins, commencent à avoir quelque antiquité, voyez les autres. C'est vers le temps de Galilée que naît la physique, c'est dans le XVIIIe siècle que se constitue la chimie, c'est de nos jours que les bases de la physiologie se complètent ; enfin, pour avoir le cadre entier des connaissances spéculatives, il faut y faire entrer l'histoire ou science sociale, et c'est un auteur contemporain, M. Auguste Comte, qui en a tracé les premiers linéaments dans sa *Philosophie positive*.

Parmi ceux qui ont notablement contribué aux récents progrès de la physiologie est rangé M. Müller, célèbre non-seulement en Allemagne, mais encore dans toute l'Europe. Quatre éditions de son traité témoignent de la haute réputation de l'auteur et du succès de son enseignement ; la traduction, on n'en peut pas douter, rencontrera de l'accueil en France. Sans aller contre la destination de cette *Revue*, je me servirai de l'excellent livre de M. Müller comme d'un texte, pour exposer, en suivant les grandes divisions de l'auteur allemand et le plan qu'il s'est tracé, les notions les plus générales de la science.

Des *Prolégomènes* sont consacrés à l'examen de diverses questions préparatoires, et servent d'entrée en matière. Le premier résultat de la constitution de la physiologie a été de la séparer nettement des autres sciences dans lesquelles jusque-là elle était sans cesse menacée de retomber. C'était tantôt la mécanique, tantôt la physique, tantôt la chimie, en faveur desquelles elle se montrait disposée à abdiquer toute individualité ; et de nos jours, depuis les importantes découvertes de l'électricité en mouvement et de son action sur les muscles, combien n'a-t-on pas vu éclore de tentatives destinées à confondre l'agent vital avec l'agent électrique ! « Rien ne nous autorise, dit M. Müller, à admettre l'identité de la vie avec les substances impondérables qui nous sont connues, avec les forces générales de la nature, chaleur, lumière, électricité. Loin de là, le moindre examen suffit pour faire rejeter toute idée d'un semblable rapprochement. Le magnétisme dit animal sembla d'abord répandre quelque jour sur ce sujet énigmatique. On crut que le frottement d'un homme par un autre, l'apposition des mains, etc., produisaient des effets dépendant de la transmission d'un prétendu fluide, que quelques personnes s'imaginaient même pouvoir accumuler à l'aide de certains appareils ; mais l'histoire du magnétisme animal présente un déplorable tissu de mensonges et de déceptions : elle n'a montré qu'une seule chose, c'est combien peu la plupart des médecins ont d'aptitude pour les observations empiriques, et combien ils sont loin de posséder l'esprit d'examen si généralement appliqué dans les autres sciences physiques. Il n'est aucun fait dans cette histoire qui ne soulève des doutes, et l'on n'a la certitude que d'une seule chose, le nombre infini des illusions. »

L'esprit d'examen n'est pas moins répandu parmi les médecins que parmi les autres savants ; mais, chez eux, il rencontre des difficultés particulières qu'il est bon d'indiquer. L'expérimentation en physiologie ne peut aucunement être comparée à l'expérimentation en physique ou en chimie. Pour qu'une expérience fournisse des résultats nets et précis, il faut que, de toutes les conditions du problème, une seule soit changée ; le changement correspondant qui se manifeste dans les effets met en lumière le point cherché.

Un baromètre porté sur une montagne, tout restant égal d'ailleurs, démontre la pesanteur de l'air. Le même pendule qui, dans une minute, donne un certain nombre de battements à Paris en donne moins à l'équateur, et prouve par-là que la pesanteur y est plus faible, qu'on y est plus loin du centre de la terre, et que le globe est renflé dans son milieu. Rien de pareil ne se rencontre dans les expérimentations physiologiques ou médicales ; il n'est, pour ainsi dire, pas un cas où l'on soit maître de ne modifier qu'une seule condition. Toutes les fois qu'en un point on porte une atteinte à un corps vivant, l'atteinte va de proche en proche se faire sentir à tout l'organisme ; il est presque toujours impossible de la borner au lieu soumis à l'expérience, et la solidarité qui lie toutes les parties d'un être animé, solidarité d'autant plus forte et plus prompte que l'être est plus élevé dans l'échelle, et, partant, plus complexe, intervient aussitôt, de sorte qu'on ne sait plus si l'effet produit est dû à l'expérience même ou aux perturbations secondaires qui ont été excitées. Ce n'est pas tout : le sujet même n'est pas invariable ; un homme, à ce point de vue, ne peut jamais être dit semblable à un homme, un cheval à un cheval, et les infinies variétés de la constitution individuelle viennent encore compliquer de nouvelles difficultés un problème déjà si difficile. Il me suffira, pour cette cause d'incertitude, de citer un seul exemple, encore présent à la mémoire de tous. Quand le choléra s'abattit sur Paris, il atteignit non la population entière, mais seulement une portion des habitants. Pourquoi ceux-ci et non pas ceux-là ? La cause qui soudainement empoisonna le milieu où nous vivions semblait ne devoir pas faire acception de personnes ; pourtant l'un échappa, l'autre fut atteint. Et, parmi les victimes du mystérieux agent, quelle variété de symptômes et d'accidents, depuis ceux qui, foudroyés en quelque sorte, expirèrent en une ou deux heures, jusqu'à ceux qui ne sentirent passer sur eux qu'un souffle de l'épidémie, tant la constitution individuelle, par sa réaction propre, modifia les effets de l'influence commune à tous ! En présence de tant de causes de méprise, l'expérimentation physiologique a besoin d'être constamment soumise à une critique sévère ; plus elle est inévitablement troublée par des éléments étrangers, plus il faut s'en défier et démêler d'un ferme regard les incertitudes qu'elle comporte. Aussi n'est-ce, en général, qu'à l'aide d'une multitude de ces analogues qu'on parvient, dans une certaine limite, à écarter les erreurs. Ce qu'on peut reprocher aux médecins, c'est de trop croire leur expérimentation semblable à celle des physiciens et des chimistes. Autant l'une est nette et précise, autant l'autre est précaire et ambiguë ; autant l'une répond exactement à ce qu'on lui demande, autant l'autre se prête mal aux interrogations. Si une grave lacune n'existait pas dans les études des médecins, s'ils étaient plus familiarisés avec la physique et la chimie, ils auraient une notion claire de ce que sont les expériences rigoureuses, et n'hésiteraient pas à faire, dans leurs propres recherches, déduction de la part d'incertitude qui y est inhérente. De leur côté, si les hommes versés dans les sciences inorganiques avaient quelque teinture de la science de la vie, ils ne lui demanderaient pas de la rigueur en des cas qui n'en comportent point. En effet, pour la physiologie, l'expérimentation n'est qu'une méthode accessoire et subordonnée. Sa vraie méthode, à elle, est la comparaison. Là, toute rigueur lui est possible, et lui est en effet imposée ; depuis la plante, qui est le dernier des animaux, jusqu'à l'homme, qui est le premier, depuis l'ovule imperceptible, germe d'un nouvel être, jusqu'à la décrépitude la plus avancée, depuis l'organisation la plus régulière jusqu'à la monstruosité la plus étrange, depuis la santé la plus parfaite jusqu'à la maladie la plus compliquée, depuis les influences des climats les plus froids jusqu'à celles des climats les plus chauds, se déroule une longue suite d'analogies et de différences qui sont le vrai domaine de la physiologie. Tout cas bien étudié donne quelque lumière ; ainsi a crû la science, qui doit à sa méthode la comparaison des êtres vivants, partant la notion de leur hiérarchie ; la comparaison des tissus, partant la connaissance de leurs propriétés spéciales et de leur identité fondamentale ; la comparaison des âges, partant l'histoire du développement de chaque appareil anatomique.

Des personnes mal informées demandent souvent à la physiologie quelle est la cause de la vie, et, s'étonnant de ne point recevoir de réponse, s'imaginent que pour cela elle est inférieure aux autres sciences, comme si aucune science rendait raison de la cause essentielle et dernière des phénomènes qu'elle étudie. Pour l'astronome la pesanteur, pour le physicien l'électricité, le calorique, la lumière et le magnétisme, pour le chimiste l'affinité moléculaire, sont les faits primordiaux au-delà desquels il n'est pas donné de pénétrer. En effet, quand bien même quelque découverte irait plus loin et réussirait, par exemple, à confondre le calorique avec la lumière ou la force électrique avec l'affinité chimique, on n'en serait pas plus avancé pour l'explication de la cause dernière. Un pas de plus sans doute aurait été fait, très important quant à l'élaboration scientifique, mais nul quant à l'objet que se propose la philosophie métaphysique ; l'essence des choses ne nous en serait pas plus dévoilée. La science peut se réjouir grandement et à juste titre de substituer un fait plus général à un fait qui l'est moins, mais elle connaît trop bien la portée de ses forces pour se croire en état d'aborder jamais les problèmes que l'esprit humain s'est posés dans son enfance, et dont il continue à poursuivre la solution par tradition et par habitude. Déjà même on peut entrevoir la fin du combat établi par le développement historique des sociétés entre l'imagination et la raison : l'imagination, d'abord seule maîtresse, crée les théologies et les métaphysiques ; la raison, qui ne devient prépondérante que postérieurement, crée les sciences, dissipant à fur et mesure les visions primitives, les formes vides et purement apparentes, *cava sub imagine formas*.

Aussi est-ce un progrès décisif pour la physiologie d'être arrivée à reconnaître une propriété dernière de la matière, complètement distincte de toutes les autres ; force absolument inconnue dans sa nature intime et de laquelle il s'agit seulement de constater les conditions et les effets. Tant que la physiologie n'était pas parvenue à ce terme, touché déjà par les autres sciences, la porte restait ouverte aux hypothèses, comme jadis, en l'absence de la notion de la pesanteur, on attribuait le mouvement des corps célestes soit à des interventions divines, soit à des tourbillons mécaniques. De bons esprits ont même pu penser qu'elle finirait par rentrer dans quelqu'une des catégories scientifiques déjà établies, et en réalité, à diverses époques, beaucoup de tentatives ont été faites dans cette direction, toutes inutiles et à chaque fois constatant davantage la spécificité de l'agent vital. Ainsi pourvue, la physiologie rend à la philosophie positive le service déjà rendu par les sciences plus anciennement constituées : dans un certain ordre de faits, elle signale à l'esprit humain la limite qu'il ne peut franchir, et ne lui permet plus de s'aventurer dans le domaine des vaines hypothèses et des imaginations chimériques. Tout se trouve tranché, autant du moins qu'il est donné à l'homme de trancher une question. La vie est, de recherche en recherche et de découverte en découverte, rapportée à une propriété de la matière ; là s'arrêtent nos connaissances et nos explications. Au-delà tout est supposition gratuite, sans appui dans la réalité, et sans démonstration possible, pure combinaison de l'esprit humain. L'inanité réelle de ces combinaisons logiques se reconnaît à mesure que s'établissent les notions positives, et, quand il sera bien constaté que le mouvement des sociétés n'a rien de fortuit et que la force qui les meut est une résultante dont on peut apprécier les conditions principales, on aura clos l'ère des anciennes idées et définitivement inauguré l'avènement d'une rénovation qui, dans la spéculation, met les lois positives des choses en place des idées théologiques et métaphysiques, et, dans la pratique, use délibérément de ces lois pour modifier en mieux le système brut et naturel.

En cette rénovation, la biologie a rempli une fonction indispensable. Si elle n'avait pas été créée, si les difficultés qu'elle offre avaient été insurmontables à l'esprit humain, on peut dire que l'histoire du monde aurait été autre qu'elle n'a été. Jamais les idées théologiques et métaphysiques qui ont servi de soutien à l'ancienne société, curieuses et remarquables hypothèses tenant la place de réalités ignorées,[1] n'auraient été sérieusement attaquées, et la civilisation du genre humain aurait oscillé entre ces limites où nous trouvons dans les temps anciens l'Égypte, dans les temps modernes l'Inde et la Chine. Ce seul aperçu indique combien encore nous manquons de véritable histoire on s'attache exclusivement à consigner les révolutions des empires et les luttes des armées, et on laisse inaperçu ce travail souterrain des sciences qui, modifiant l'état mental du genre humain, en modifie l'état social bien plus que ne font les événements militaires et les calculs politiques.

---

[1] « *Des kranken Weltplans schlauerdachte Retter,* » a dit Schiller en parlant des conceptions théologiques : *Sauveurs adroitement imaginés pour le salut d'un monde malade.* Si on changeait *adroitement* en *spontanément* dans le vers du grand poète allemand, la création des hypothèses primitives serait exactement représentée.

II - DIVISION GÉNÉRALE

Après ce coup d'œil jeté rapidement sur l'histoire et le rôle de la physiologie, entrons dans l'examen des parties qui la constituent. On donne le nom de fonctions à des engrenages particuliers dont le concours forme le système total ; telles sont la respiration, la circulation, la digestion, etc. Dans le classement de ces actes, M. Müller a implicitement suivi l'ancienne division en trois fonctions générales, à savoir la vie végétative ou nutrition, la vie de relation ou sensibilité et mouvement, la vie de l'espèce ou génération. La nutrition et la génération sont seules dans les plantes ; la sensibilité est en plus dans les animaux. On se tromperait toutefois si on regardait cette dernière fonction comme quelque chose de totalement à part et hétérogène, et si l'on voyait dans l'animal une juxtaposition de deux êtres différents. La sensibilité procède de la nutrition, l'animal du végétal ; les tissus nerveux et musculaires sont, comme la plante, composés de cellules et développés d'après le même principe. Il y a plus : chez les animaux supérieurs, l'exercice de la sensibilité dépend d'une condition indispensable, à savoir le contact incessant du sang oxygéné. Si la respiration s'interrompt, le cœur a beau battre et envoyer le sang dans toutes les parties, l'animal succombe rapidement asphyxié. De la sorte se trouvent unies étroitement la nutrition et la sensibilité.

En somme, se nourrir, se propager, sentir, sont les trois propriétés secondaires de la propriété primordiale qu'on appelle la vie. Ceci est un mot abstrait sur lequel il faut s'entendre. Quand Newton, ayant découvert que les corps gravitaient entre eux, eut fondé le système du monde, il donna le nom d'attraction à cette propriété fondamentale de la matière. On sait que les découvertes du géomètre anglais eurent peine à prendre pied en France. Les philosophes et physiciens français crurent voir, dans cette notion de l'attraction, une résurrection des qualités occultes, et, formés à l'école de Descartes, ils montrèrent peu de disposition à remplacer par l'idée d'une force primordiale l'idée d'un mécanisme telle que l'avait inculquée le puissant génie encore tout glorifié de sa victoire sur les doctrines scolastiques. C'est une répugnance de même nature qui empêche de recevoir la force vitale comme les astronomes reçoivent la gravitation. L'exemple de l'astronomie, la plus parfaite des sciences après les mathématiques, est décisif en ceci, sans qu'il soit besoin d'aucune autre argumentation.

A vrai dire, la gravitation est une qualité, occulte, en ce sens qu'il n'y a aucun moyen de l'expliquer, et la scolastique n'aurait encouru aucun blâme pour avoir dénommé autant de qualités occultes qu'elle constatait d'effets à elle inexplicables : c'eût été l'affaire de la science subséquente d'en réduire le nombre ; mais, sous l'impulsion des doctrines théologiques, qui régnaient alors, elle supposait des intentions tout-à-fait gratuites. Dire, quand l'eau refuse de monter dans un corps de pompe au-delà d'une certaine hauteur, que la nature a horreur du vide, c'est introduire dans l'observation une chose qui n'y est pas, ce n'est pas représenter fidèlement le fait tel qu'il est vu, tandis qu'en donnant le nom de gravitation à la force qui pousse les masses les unes contre les autres, on ne fait que reproduire abstraitement la chose même.

A côté de l'horreur pour le vide, il faut mettre (car je veux me tenir dans le domaine de la biologie) la force médicatrice attribuée à l'économie vivante. C'est un autre exemple de cette erreur qui fait outrepasser à l'esprit les données de l'expérience. Admettre que les lésions pathologiques sont réparées intentionnellement, c'est changer le caractère de l'observation pure. Quelques mots vont le démontrer. Ce qui favorisa l'illusion et l'entretint jusque dans ces derniers temps, c'est qu'en effet il s'exécute dans le corps malade des travaux de réparation compliqués. Un os est rompu ; bientôt un liquide s'épanche, se solidifie peu à peu, et réunit les deux fragments ; un canal médullaire se creuse dans la substance de nouvelle formation, et à la longue la soudure est complète.

Maintenant tournons la médaille et voyons-en le revers. Un serpent à venin subtil enfonce ses crochets dans la chair ; comme il n'y a de danger que si la substance malfaisante est absorbée et entre dans la circulation, que faut-il faire ? Détruire le venin dans la partie blessée, et, pour cela, nous qui n'avons que des ressources bornées, nous y portons le feu ou un caustique chimique. Au contraire, que fait la nature ? elle se hâte de pomper le poison comme elle pomperait une matière salutaire, et bientôt éclatent les accidents redoutables qui amènent la mort. Quand du fluide de petite vérole est inoculé, au lieu de le circonscrire et de l'éliminer, elle l'introduit dans l'économie, et, comme un de ces animaux ombrageux qui, effarouchés, se lancent au hasard dans toutes les directions pour échapper aux apparences du péril, elle s'agite sous l'impression de l'agent délétère, bouleverse l'économie et compromet la peau, les intestins, les voies aériennes, le cerveau, en proie qu'elle est à un ennemi qu'elle n'aurait pas dû recevoir. De l'opium arrive dans l'estomac : si le viscère s'en débarrasse en toute hâte, aucun mal n'en résultera ; mais point ! la nature, cette prétendue gardienne, n'éveille pas de mouvement antipéristaltique, ne suspend pas l'absorption, laisse pénétrer le poison jusqu'au système nerveux, et, le narcotisme une fois accompli, suscite d'inutiles convulsions. Une anse intestinale s'enroule, et le trajet alimentaire est intercepté, accident qui pourrait n'être pas grave, si la nature procédait avec adresse et précaution ; mais ce qu'elle fait empire la situation du patient en proie aux plus affreuses douleurs : elle engorge les vaisseaux, épaissit les tuniques, produit des exsudations agglutinatives, et le tout ne tarde pas à former un nœud inextricable. En présence de ces faits tellement palpables, il a fallu une singulière préoccupation d'esprit pour laisser dans l'ombre tout un côté de la question, et ne pas voir, avec la nature bienfaisante, la nature malfaisante, c'est-à-dire uniquement des propriétés en action.

Cette réalité des choses a été bien caractérisée par la philosophie moderne de l'Allemagne. Écartant le panthéisme d'où elle part, et qui, à titre de conception métaphysique, ne peut être accepté par la science positive, on reconnaît qu'elle a nettement saisi les conditions qui régissent la nature. Elle donne le nom de mécanisme à la doctrine qui admet que les choses sont mues par des forces extrinsèques, et celui d'organisme à la doctrine qui admet qu'elles le sont par des forces intrinsèques, en d'autres termes par des propriétés inhérentes. Si l'on veut avoir une idée précise de cette distinction, qu'on se représente l'astronomie ancienne attribuant les mouvements célestes à des sphères solides qui entraînaient les corps, et l'astronomie moderne plaçant la cause des mouvements dans une propriété essentielle, la gravitation. C'est là la différence capitale entre le mécanisme et l'organisme.

L'étude de cet organisme est tout le savoir humain. La gravitation au pesanteur, le calorique, l'électricité, le magnétisme, la lumière, l'affinité chimique, la vie, telles sont les propriétés qui, inhérentes à la matière, en déterminent les formes, les mouvements et les actions. Faites précéder cette énumération de l'étendue géométrique et du nombre, faites-la suivre de la loi qui règle l'évolution des sociétés, et vous aurez, débarrassée de toute hypothèse, la science générale ou philosophie. Si vous tentez d'aller au-delà, comme on l'a tenté constamment dans l'ère des théologies et des métaphysiques, vous avez des systèmes incompatibles avec les sciences particulières, dont le progrès les a renversés ; si vous restez en-deçà, vous avez ce qui est aujourd'hui, pêle-mêle les ruines des anciennes choses et les rudiments des nouvelles. M. Auguste Comte, dans son grand travail de réorganisation philosophique, a tout à la fois éliminé les notions hypothétiques et inaccessibles, embrassé et coordonné l'ensemble des notions positives. Je recommande son ouvrage à la méditation sérieuse des hommes voulant se rendre compte de la décadence spontanée qui a frappé les religions, et de l'anarchie mentale qui présentement les remplace.

Ce mode de philosopher choque, je le sais, l'enseignement courant et les habitudes actuelles de l'esprit. Néanmoins je prie le lecteur, quelque impression qu'il doive en recevoir, d'en apprécier nettement le caractère. Peut-être ne saisit-on pas tout d'abord en quoi il importe d'être parvenu à déterminer les propriétés dernières des choses, et comment la philosophie en est renouvelée. Par là sont remplis deux offices nécessairement corrélatifs, à savoir l'établissement de la méthode positive et la déchéance de la méthode hypothétique. D'une part, le monde se montre tel qu'il est, ou du moins tel qu'il nous est donné de le voir, se suffisant à lui-même et entretenu par les propriétés qu'il possède ; d'autre part, tombent les hypothèses métaphysiques, soit théologiques et spiritualistes, soit anti-théologiques et matérialistes. L'explication qui attribue les phénomènes à des entités spirituelles est aussi illusoire que celle qui les attribue à l'arrangement des atomes ; dans les deux cas, on se paie de mots et on accepte ce qui ne peut se démontrer. La méthode positive, au contraire, est partout démontrable, aussi bien à son origine, à son point de départ, que dans ses conséquences. Ceux-là sentiront la valeur d'un pareil titre, qui savent quelles nécessités mentales ont ruiné les conceptions antiques.

III - DE LA NUTRITION

La nutrition est la fonction par laquelle le corps s'entretient. M. Müller étudie dans le premier livre les liquides qui la rendent possible, dans le second les actes divers qui la constituent. Un des éléments essentiels de l'existence d'un être animé est un certain mélange de solides et de liquides. Sève ou sang, l'emploi est le même : à savoir, servir à l'accroissement et à la nutrition. C'est surtout dans les animaux que le phénomène est remarquable ; là, entre les deux ordres de substances, l'échange est continuel, et, par un mouvement qui ne s'interrompt qu'à la mort, les fluides se solidifient, les solides se fluidifient. Le sang, sorte de fleuve remontant incessamment à sa source, reçoit tout et donne tout ; il est l'intermédiaire où aboutit et ce qui va être employé et ce qui a été employé. Si d'une part il porte par mille canaux la nourriture à tous les organes, se transformant par une chimie spéciale en tissus et en humeurs, d'une autre part, à mesure que les particules organiques sont décomposées, elles rentrent dans le grand courant sanguin, qui les emporte. Ainsi se fait et se défait cette toile de Pénélope, trame toujours sur le métier et ne subsistant qu'à la condition d'avoir ses fils incessamment renouvelés. Sans doute, dans ce conflit entre les liquides et les solides, s'établit un certain état qui constitue l'animal ; mais cet état, combien n'est-il pas fragile ! mais cet équilibre, combien n'est-il pas instable ! mais cette ordonnance que la théorie des causes finales a si long-temps présentée comme un chef-d'œuvre, combien n'est-elle pas défectueuse ! C'est un point suffisamment démontré par les innombrables maladies qui affligent les espèces vivantes.

Si les particules qui sont entrées dans le corps continuaient à garder leurs propriétés, l'animal, avec le sang qui les reçoit et qui les rend, pourrait, une fois adulte, se clore et s'entretenir de sa propre substance, sans avoir besoin d'une introduction continuelle de matériaux étrangers ; mais il n'en est pas ainsi. Ces particules, après avoir vécu un certain temps, perdent toute aptitude à vivre ultérieurement, et il faut que le liquide nourricier en soit débarrassé par quelqu'une des voies qui sont ouvertes au dehors. Dès-lors cette soustraction incessante amène la nécessité d'une réparation non moins continue, afin que le fleuve qui alimente se trouve toujours au même niveau. Cette condition fait ressembler un organisme vivant à nos machines à feu, sauf le moteur, qui, dans le premier cas, est l'agent vital, et dans le second une force mécanique. De même que le foyer exige un approvisionnement continuellement renouvelé de combustible, de même il faut au poumon, véritable foyer de l'animal, un apport incessant de matières. Ces matières sont de trois sortes : des substances organiques, végétales ou animales, pénétrant par la voie des intestins dans le courant circulatoire ; de l'eau, qui suit le même trajet ; enfin de l'air, absorbé par le sang à travers les délicates membranes des canaux pulmonaires. A chaque aspiration, de l'air est combiné, de la chaleur est produite, et ainsi fonctionne la machine avec ses trois sensations concomitantes de la réparation, à savoir la faim, la soif et le besoin de respirer.

A la vue de ces actions chimiques qui ne cessent jamais, de ces liqueurs qui circulent dans d'étroits canaux, à la vue de solides toujours si près de devenir liquides et de liquides toujours si près de devenir solides, on comprend combien l'être vivant est susceptible de subir des modifications et des dérangements. C'est pour cette cause que, soumis aux influences diverses des climats, il éprouve des changements si considérables ; c'est pour cette cause qu'assujetti aux mille influences de l'alimentation et des habitudes, il en reçoit l'empreinte ; c'est pour cette cause enfin que tant de maladies viennent l'assaillir, car qu'est la maladie, sinon une modification portée au-delà de la limite des oscillations compatibles avec la santé ?

Parmi les substances qui constituent le globe terrestre, il en est bon nombre qui sont délétères : des minéraux, des acides, des alcalis, des sels, en contact, sous forme solide, liquide ou gazeuse, avec l'organisme animal, produisent des désordres divers et la mort. Le règne végétal n'est pas moins mi-parti, et il offre, lui aussi, des agents excessivement meurtriers. L'acide hydrocyanique foudroie, pour ainsi dire, l'animal. Le suc du pavot plonge dans un engourdissement funeste, et conduit à la mort par une espèce de sommeil. On trempe les flèches dans un poison subtil, et la plus légère blessure de cette arme arrête dans sa course rapide la proie que poursuit le chasseur, sans qu'un agent aussi promptement destructeur rende dangereuse la chair du gibier ainsi tué. Les innombrables végétaux disséminés sur le globe sont autant de laboratoires chimiques où se fabriquent les sucs les plus divers, et, comme cela ne peut guère manquer dans le mélange des éléments à tant de proportions, cette élaboration produit tantôt des substances salutaires, tantôt des poisons formidables. Le mal, comme le bien, est partout l'effet nécessaire des conditions de notre monde, et une sage appréciation du milieu où nous sommes plongés montre qu'il n'y a jamais lieu soit à maudire, soit à bénir la nature, où tout est déterminé par le concours d'invariables propriétés.

Si le jeu des combinaisons végétales donne ainsi des produits de la nature la plus opposée, on concevra sans peine qu'il en soit de même des combinaisons animales. Là aussi des venins subtils résultent de l'élaboration des éléments. Ce sont surtout les insectes et les reptiles qui sont pourvus de ces substances dangereuses, quelques-unes tellement actives que, peu de minutes après l'introduction, le blessé succombe ; mais ces venins, qu'on pourrait appeler réguliers, ne sont qu'une petite partie des venins animaux : il s'en développe accidentellement d'une nature très redoutable, d'autant plus funestes qu'ils se créent au milieu des sociétés, et que l'occasion de nuire leur est plus souvent offerte. Ainsi le chien devient spontanément enragé, et quelques gouttes de sa salive communiquent la maladie. Une fois introduit, le venin demeure caché pendant de longs jours, il semble que rien n'ait été dérangé dans l'économie, et cependant une atteinte mortelle a été portée : au milieu d'une sécurité profonde, la mine chargée éclate, et il faut avoir assisté à des spectacles pareils pour concevoir combien est déchirante une agonie où le patient, à la vue de l'eau, au bruit d'un liquide, au reflet d'un corps brillant et poli, est saisi de spasmes, et passe incessamment de l'angoisse à la convulsion et de la convulsion à l'angoisse, ne redoutant qu'une chose, c'est que l'accès qui vient ne soit pas le dernier. Ailleurs, un cheval devient morveux : prenez garde, ce n'est point une maladie qui reste close et renfermée tout entière dans l'animal atteint ; après être allée du cheval à celui qui le touche, elle ira du malheureux qui est venu mourir à l'hôpital au jeune médecin qui l'a soigné, et fera une victime de plus. Ici un bœuf est attaqué du charbon : prenez garde encore ; cette tache charbonneuse n'est pas, comme elle le semble, une substance inerte ; elle vit, se meut, a des propriétés secrètes qui la propagent, et sans peine elle marche de proche en proche et de contact en contact. Vous placez un équipage dans un vaisseau ;

la terre fuit, la mer est fatigante, les vents contrarient, l'humidité pénètre, les provisions fraîches s'épuisent, et ces hommes, tout à l'heure vigoureux et pleins de courage, sont frappés d'une incurable langueur, vacillent sur leurs jambes, saignent de partout, et souvent meurent au moindre mouvement dans leur hamac. Les hasards de la guerre accumulent dans les hôpitaux des hommes blessés, malades, découragés ; quels inconvénients à craindre de cet entassement ? Des services gênés ? les patients moins bien soignés ? C'est là le moindre mal. L'encombrement va, par la combinaison de tant d'éléments animaux ainsi réunis, engendrer un agent de destruction qui dépeuplera l'hôpital et moissonnera infirmiers et médecins. Bientôt le typhus franchit l'enceinte ; il suit les armées, surtout l'armée vaincue ; il gagne les villes et les villages que les troupes traversent, et c'est ainsi que la cause de mort née sur les bords de la Vistule vient atteindre les populations sur ceux du Rhin, de la Marne et de la Seine. Outre ces causes évidentes, il en est encore de complètement occultes : nous-mêmes avons vu, sans que rien en apparence fût changé autour de nous, des individus tomber par milliers, leurs yeux s'enfoncer dans l'orbite, le froid glacer leurs membres, et le sang se figer dans les veines sous l'action du choléra. Peu d'années auparavant, en 1828 et 1829, la population de Paris et de la banlieue avait été frappée d'une maladie bien moins grave sans doute, mais étrange : les pieds et les mains devenaient écailleux, douloureux, tout travail était impossible, et quelques-uns même succombèrent ; phénomène pathologique qui a disparu comme il était venu, et qui peut faire songer à une affection endémique en Lombardie, en Asturie et dans le département des Landes, à la pellagre. C'est ainsi qu'à la fin du XVe siècle naquit en un coin de l'Angleterre une horrible maladie, la suette, d'abord si spéciale aux Anglais, qu'elle les frappait seuls dans Calais, alors occupé par eux ; mais bientôt elle se répandit sur le continent, sans acception de nation. Les malades, à la lettre, fondaient en eau, et, au milieu de cette excessive transpiration, périssaient pour la plupart en vingt-quatre ou trente-six heures. Voilà quelques preuves de l'extrême mobilité de la matière vivante, qui, à la moindre impulsion, est jetée dans toute sorte de fluctuations, quelques preuves des profonds dérangements qui résultent nécessairement de la complication des agents et des rouages.

III - DE LA NUTRITION

Telle est la condition des choses : sous nos pieds sont placés une multitude de pièges, vraies chausse-trapes où l'on se prend de la façon la plus inopinée, et d'où l'on ne sort que sanglant et mutilé, quand on en sort. Peu, bien peu, ayant pour eux la chance favorable, *quos oequus amavit Jupiter*, arrivent au terme de la vie sans avoir fait de ces funestes rencontres. Il suffit du moindre retour sur son passé pour reconnaître le point où un malheureux hasard vous a jeté, vous et les vôtres, dans une série de maux quelquefois à jamais irréparables. C'est surtout aux yeux du médecin que se déroulent ces accidents de l'existence individuelle ; il sait combien de jours, combien de mois ont été enlevés à chacun par la maladie ; il sait avec quelle peine la vie a été défendue contre ces agents de destruction qui surgissent de tous côtés, de l'air ambiant, du froid, du chaud, des aliments, des peines morales et des chocs de la société ; il sait quels germes de souffrance et de ruine met dans l'organisation telle rencontre malheureuse, et, au moment où quelques symptômes fugitifs se manifestent au milieu de la jeunesse la plus florissante, il voit dans le passé de l'être ainsi menacé et dans une triste hérédité le gage d'un dépérissement prochain que trop souvent rien ne peut arrêter. Ainsi, dans ce tourbillon d'éléments incessamment transformés en matière vivante et incessamment rendus air monde inorganique, s'entre-croisent mille causes de douleur et de mort, trop inhérentes à la nature des choses pour être jamais abolies, mais qu'un emploi judicieux de nos connaissances et de nos ressources peut atténuer.

Cette atténuation (je me sers du seul mot que comporte la condition des animaux en général et de l'homme en particulier), cette atténuation est la tâche de la médecine. Justement parce que le corps vivant est modifiable, l'industrie humaine a trouvé une prise. Tant et de si grands changements produits par le concours fortuit des éléments ont naturellement suggéré l'idée d'employer d'une façon raisonnée ces actions irrégulières. L'effet a répondu à l'espérance : si le miasme des marais provoque la fièvre, le quinquina neutralise cet empoisonnement ; si la petite vérole se communique, le vaccin, excitant une fermentation analogue, rend le corps impropre à recevoir cette contagion ; si le sable déchire les reins, un sel facilite la dissolution de ces concrétions qui causent de si cruelles douleurs. Ainsi, de même que dans le corps malade tout est jeu des affinités et des propriétés de la substance vivante, de même dans le traitement tout est action des qualités des remèdes sur les tissus et les humeurs. Et, comme il est vrai que les ébranlements moraux produisent dans le système nerveux les troubles les plus étranges et les plus graves, il est vrai aussi que les moyens moraux ont en ce genre un empire considérable. De la sorte, rien n'échappe à l'enchaînement des causes et des effets, à la nature des actions et des réactions, et la condition qui régit le monde inorganique est aussi la condition qui régit le monde organique. Il faut donc rejeter bien loin toutes ces superstitions qui, encore aujourd'hui, troublent tant d'esprits. Je ne parle pas même des miracles et de la sorcellerie, idées surannées qui, comme les hiboux, fuient la lumière ; je parle de ces aberrations auxquelles des personnes même éclairées se laissent si facilement aller. Chassé de son ancien domaine, astrologie, alchimie, magie, l'amour du merveilleux cherche un refuge et, en place de ces fausses sciences, se crée une fausse médecine. C'est la tâche de la physiologie, en se perfectionnant et en se répandant, de remettre les hommes au véritable point de vue, et d'éteindre au sein des populations des préjugés ridicules et dangereux. C'est ainsi que, grâce à l'astronomie, les folles terreurs que causaient encore les éclipses de soleil il n'y a pas plus de deux cents ans ont disparu, remplacées, comme l'a dit récemment dans *l'Annuaire du Bureau des Longitudes* un astronome renommé, par la vive curiosité qu'excite un si grand phénomène.,

Tout, dans le corps vivant, étant réglé, les actions de la santé, les causes de la maladie et les effets du traitement, on comprendra sans peine l'influence exercée par un médecin célèbre qui vient seulement de disparaître de la scène scientifique. Ce que Broussais poursuivit surtout et avec le plus de succès, ce furent les idées vagues de maladies essentielles. Autant qu'il fut en lui, il chassa les qualités occultes de tous les coins où elles s'étaient réfugiées, et il sentit avec netteté qu'il n'y avait dans le corps vivant en action que la matière vivante. En d'autres termes, il maintint que la pathologie n'est qu'une face de la physiologie. Sa célèbre théorie de la gastro-entérite, si complètement ruinée par l'observation subséquente, n'est, à la bien apprécier aujourd'hui, qu'une hypothèse hardie, destinée à représenter provisoirement comment il entendait que les fièvres qualifiées d'essentielles devaient être rapportées à une modification de l'état physiologique. Sans doute, les faits ont montré que la gastro-entérite n'était pas la cause de ces fièvres ; mais ils ont montré aussi qu'elles n'avaient d'essentiel que le nom, et que, si, pour expliquer la santé, on étudie le jeu des humeurs et des organes dans leur intégrité, on doit, pour expliquer la maladie, étudier le jeu de ces mêmes humeurs, de ces mêmes organes, tels que la cause morbifique les a modifiés. On le voit, bien que l'hypothèse soit tombée, le principe qui la suggéra est resté debout, à savoir que la pathologie est encore de la physiologie. Le tort de Broussais fut donc de vouloir appliquer sans retard à la thérapeutique des idées qui, étant très générales, n'avaient pas d'emploi particulier dans le mode du traitement. Son mérite éminent fut d'avoir mis la théorie des maladies dans le droit chemin. Aussi sa renommée, se dépouillant, comme une eau qui chemine, de tout limon, est désormais reconnue et accueillie là même où jadis Broussais, dans tout le fracas de sa polémique, avait été repoussé.

La médecine n'est pas bornée au traitement des individus, elle a aussi une fonction publique dont certainement nous ne possédons qu'une ébauche ; mais il viendra un temps où ce qui n'est qu'en germe se développera, comme il est arrivé pour les sciences physiques et chimiques. Jadis ce qu'elles fournissaient d'applications était dû à des hasards favorables ; les industries procédaient d'un côté et les sciences de l'autre. Aujourd'hui commence une application systématique et générale de la physique et de la chimie à la pratique. Aussi les découvertes succèdent aux découvertes, la face des choses change pour ainsi dire d'année en année, et déjà ce n'est plus une illusion que d'entrevoir une époque où le globe sera régulièrement exploité comme l'est une métairie particulière. Ce qui se fait avec les sciences physiques se fera avec la science biologique ; une étude générale de la santé permettra de régulariser nos habitudes, nos villes, nos demeures, nos lieux de récréation, nos métiers, de manière à procurer le plus de bien et à écarter le plus de mal ; médecine préventive, meilleure à la fois et plus efficace que la médecine curative.

Ayant examiné le sang dans le premier livre, M. Müller étudie, dans le second, toutes les opérations chimiques qui se font au sein du corps vivant : comment des gaz sont aspirés et exhalés dans l'acte de la respiration ; comment les aliments sont métamorphosés en chyle ; comment le sang veineux et noir se change en sang artériel et rutilant ; comment les particules vont successivement remplacer, soit dans les humeurs, soit dans les organes, celles qui ont été rendues impropres à la vie ; comment les diverses sécrétions s'effectuent ; bref, en général, comment cet actif laboratoire qu'on appelle l'organisme reçoit, emploie et rejette les substances qui l'entretiennent. La nutrition n'est, de fait, qu'un travail de composition et de décomposition, la nutrition, fondement de toute vie, et la seule fonction qui, avec la génération, appartienne aux végétaux, privés qu'ils sont de la faculté de se mouvoir et de sentir. Cette élaboration chimique est la racine des existences organiques ; sans elle, la force qui produit les phénomènes vitaux ne peut avoir aucune manifestation ; sans elle, les facultés supérieures de la sensibilité n'auraient pas de support, et tout commence, aussi bien dans la série vivante que dans l'évolution d'un être individuel, par la cellule douée de la propriété d'absorber, d'exhaler et de modifier les substances alimentaires.

Plus les études biologiques ont fait de progrès, plus on a senti la nécessité d'y employer les connaissances chimiques. La lumineuse classification des sciences établie par M. Comte explique cette tendance instinctive et doit la transformer en une application indispensable. La théorie philosophique montre qu'à vrai dire il n'est point de physiologie sans chimie, et que les diverses sciences qui forment le tout du savoir humain sont, par rapport les unes aux autres, comme autant d'échelons. Un de ces degrés ne peut être sauté sans dommage pour l'intelligence et l'instruction. Il est donc manifeste que l'état actuel devra cesser, état de transition où les chimistes ne sont pas biologistes, où les biologistes ne sont pas chimistes, de sorte qu'en maintes questions celui qui sait faire les expériences n'est pas apte à les interpréter dans leur véritable esprit, et celui qui saurait les interpréter véritablement n'est pas apte à les conduire. Il n'est pas rare de voir un biologiste et un chimiste se réunir pour traiter ensemble un point qui, au fait, n'est que de la compétence du premier. Nous ne sommes certainement pas loin du temps où les études seront assez systématiquement établies pour que le biologiste n'ait plus besoin d'un pareil concours ; un enseignement régulier fera de la chimie la base de la physiologie, comme il fait des mathématiques la base de la physique.

Quelles que soient les apparences diverses des parties végétales et animales, bois, fleurs, fruits, os, tendons, ligaments, muscles, il n'en est pas moins certain, la chimie l'a démontré, que tout cela est formé de substances inorganiques, surtout d'oxygène, d'hydrogène, de carbone et d'azote, et que la différence tient essentiellement aux proportions des éléments. Toutefois une distinction est à établir : les animaux ne se comportent pas comme les végétaux. L'air atmosphérique et l'eau, avec quelques sels, sont les seules substances brutes que les premiers puissent absorber sans préparation aucune ; au contraire, les seconds puisent directement et sans intermédiaire leur aliment dans le réservoir commun de toutes choses, et, placés moins haut dans l'échelle de la vie, ils peuvent se contenter de matériaux moins élaborés. Pour les animaux, la terre et les particules diverses qu'elle renferme seraient vainement douées des facultés nutritives que réellement elles possèdent à l'égard au moins d'une autre classe d'êtres vivants ; il leur faut, soit des produits végétaux, soit même la chair d'autres animaux, et, à côté de toutes ces ressources alimentaires qui si facilement se transforment en racines, en fruits et en feuilles, ils succomberaient à la faim et à l'épuisement, incapables qu'ils sont, par leur organisation même, d'attirer dans le tourbillon de la nutrition les matières inorganiques. Aussi les recherches géologiques ont montré que les premiers êtres vivans qui aient apparu sur la terre sont des végétaux, forme plus simple de la vie, apte à s'emparer directement des matériaux du sol, et premier degré d'une élaboration ultérieure.

Sans vouloir entrer aucunement dans la recherche de l'essence des choses, recherche inaccessible, exercice désormais stérile, et dont tout esprit scientifiquement cultivé doit se défendre, on peut considérer les résultats amenés dans le monde par la constitution des êtres vivants et par les conditions de la biologie. La nécessité où sont tant d'animaux de se nourrir de proie vivante donne une physionomie toute particulière au globe que nous habitons. Dès-lors une portion de ses habitants, livrée uniquement, hormis le besoin de la reproduction, au soin de sa nourriture, passe sa vie à poursuivre ou à guetter, suivant le mot de La Fontaine, *la douce et l'innocente proie*, et, comme dans l'organisation vivante les parties sont en rapport et que le tout forme un système, à ces besoins répondent un moral déterminé, la ruse, la soif du sang, l'ardeur à la chasse, la patience infatigable à guetter, l'habileté à dresser des pièges. Toutes ces passions appartiennent aux races carnivores ; la faim pour la chair est l'associée d'instincts tout spéciaux, et dans l'histoire même de l'homme elle a laissé une trace profonde, non encore complètement effacée, l'anthropophagie. D'autre part, qu'on se représente les terreurs de la bête poursuivie, de celle que chassent le tigre dans les forêts, l'aigle dans les airs, le requin au sein des eaux, de celle qu'égorge le grand-duc dans le silence de la nuit, et l'on verra ainsi régnant de toutes parts un état cruel de guerres et de souffrances qui révolte singulièrement l'équité et la raison de l'homme cultivé. Certes, aucune intelligence humaine n'aurait aussi grossièrement institué les rapports des êtres, et aujourd'hui même tous les efforts des sociétés civilisées tendent à se servir des forces brutes de la nature pour ôter ou atténuer les maux inhérents à cette même nature ; mais ici, comme partout, les propriétés des choses sont la loi immuable : la condition de la vie est le passage incessant de matériaux sans cesse renouvelés, et il s'est trouvé que ce tourbillon, outre les substances végétales, a attiré à lui les chairs vivantes et palpitantes des animaux ; de là le sort des populations de notre globe.

IV. — DU SYSTÈME NERVEUX

Dans le végétal, la nutrition (à part encore une fois la reproduction) est tout ; il ne s'y passe point d'autre phénomène que cette élaboration des matériaux inorganiques qui les transforme en composés très divers, et nulle autre activité ne s'y manifeste. Constamment docile aux influences extérieures, on le voit, à mesure que le soleil printanier frappe ses extrémités supérieures, ouvrir de proche en proche ses canaux, et bientôt les racines pompent dans le sol les fluides qui constituent la sève. Réciproquement, au retour de la mauvaise saison, le froid le resserre, les feuilles se détachent, la succion des racines s'interrompt, et le végétal tombe dans le sommeil de l'hiver. Cependant déjà quelques obscurs symptômes manifestent une certaine sensibilité, si je puis me servir de ce mot exclusivement réservé aux animaux. Le végétal est sensible à la lumière et il la cherche ; la nuit, quand le bruit et la chaleur se sont retirés de notre hémisphère, et que notre portion du globe regarde les espaces non éclairés du ciel, le végétal, lui aussi, ressent l'influence des ténèbres et du silence général, ses feuilles s'affaissent, et il semble avec le reste de la nature rentrer dans le repos. Enfin quelques plantes, plus délicates encore, exécutent au moindre contact des mouvements rapides, tout comme si elles étaient pourvues de muscles et de nerfs.

Autre est le tableau présenté par le règne animal. À la nutrition se joignent de nouvelles fonctions et des instincts multipliés, mais tellement disposés, qu'ils sont principalement tournés vers la satisfaction des besoins d'alimentation et de reproduction. L'animal a de l'intelligence, la faculté de se mouvoir, des sens qui l'éclairent ; mais tout cela, hors le temps du rut et de la nourriture des petits, est presque uniquement dirigé vers les moyens de saisir la proie. Il passe sa vie à remplir son estomac ; ce grand but absorbe toutes ses facultés, et il ne semble les posséder que pour être en état de pourvoir à cet impérieux besoin. Cependant, de même que dans la vie végétale apparaissaient déjà quelques aspirations vers l'agrandissement, de même dans la vie animale se montrent aussi des tendances vers un état ultérieur. Plusieurs témoignent de l'aptitude à l'industrie : des oiseaux construisent leur nid avec habileté, les castors font de grandes bâtisses sur les eaux, et, comme dit le fabuliste en parlant des sauvages voisins de la république amphibie,

... Nos pareils ont beau le voir,
Jusqu'à présent tout leur savoir
Est de passer l'onde à la nage.

Certains arts même commencent à poindre, et le goût de la musique est remarquablement développé chez le rossignol.

Un pas de plus, et l'espèce humaine est constituée. S'il est vrai que l'homme sauvage, au plus profond de la barbarie originelle, n'a que peu de prérogatives au-dessus des animaux supérieurs, et si son industrie ne dépasse pas de beaucoup la leur, il est vrai aussi qu'il a en lui des germes susceptibles d'évolution, et qu'une raison plus étendue et plus capable de combinaisons (*mentis que capacius altæ*) recule pour lui la limite du développement et lui permet de faire des accumulations au profit de l'espèce. A fur et mesure qu'il s'élève, le cercle s'agrandit autour de lui ; les besoins matériels cessent d'absorber tout son temps, et il lui reste du loisir pour accroître son industrie, réfléchir sur lui-même, cultiver les arts, créer les sciences et améliorer sa vie dans les quatre directions de l'utile, de l'honnête, du beau et du vrai. Supposez, ce qui est la réalité, supposez que les acquisitions successives aient une tendance à modifier héréditairement l'état mental de l'homme, et vous aurez dans sa racine la cause de l'évolution des sociétés, évolution où chaque degré rend l'esprit humain plus dispos et plus apte à atteindre un degré ultérieur. L'hérédité est ici la condition fondamentale, et, si elle n'agissait pas, les populations resteraient immobiles. C'est inutilement que sans transition l'on essaie d'imposer aux peuplades sauvages une civilisation avancée ; c'est inutilement aussi que des esprits heureusement doués auraient mis le genre humain dans la voie de la culture, si cette culture à son tour n'avait modifié le genre humain, le rendant à la fois plus docile et plus fécond.

Donc, pour reprendre notre sujet, descendons l'échelle que tout à l'heure nous avons montée ; allons de l'homme civilisé au sauvage, du sauvage à l'animal, de l'animal à la plante, et d'un seul coup d'œil nous embrasserons un ensemble immense gouverné par une force unique, la vie. Le végétal a déjà quelque rudiment de sensibilité ; la sensibilité devient manifeste dans les animaux inférieurs, elle croît et grandit jusqu'aux instincts, aux passions et à l'intelligence, bornée sans doute, mais réelle, chez les animaux supérieurs ; enfin elle atteint le dernier terme que nous en connaissions, la raison dans le genre humain. Certes, il y a bien loin entre les termes extrêmes, et c'est un puissant effort de l'esprit d'induction que d'avoir pu, à l'aide des transitions, rattacher les uns aux autres les anneaux d'une aussi longue chaîne.

L'agent des facultés de sensibilité est le système nerveux, qui occupe le troisième livre de M. Müller. Cet agent imprime un caractère tout particulier à la vie de l'animal. Dans le végétal, rien n'est centralisé ; aussi les organes peuvent se transformer sans peine : à volonté, des feuilles deviennent des fleurs, et des fleurs deviennent des feuilles. On retourne une plante de manière que

IV. — DU SYSTÈME NERVEUX

ses branches soient dans la terre et ses racines en l'air ; bientôt l'échange des fonctions s'exécute, et les rameaux et les racines s'accommodent respectivement au milieu où ils sont plongés. Un scion séparé du tronc ne meurt pas nécessairement, et, mis en terre, il donne naissance à un nouvel individu. Rien de pareil dans l'animal ; là les organes, bien plus particularisés, résistent à toute transformation. Ce qui est séparé du corps meurt aussitôt ; le corps lui-même ne possède que dans une limite très restreinte un pouvoir de restauration et de cicatrice. Cette infériorité de l'animal, qui le rend bien plus sujet aux maladies et qui le soumet à un plus grand nombre de causes de mort, tient à la complication de son organisme en général et en particulier à la présence d'un centre nerveux. Ce n'est pas qu'ici aussi les gradations ne se manifestent, et les animaux inférieurs sont autant d'intermédiaires où l'on voit des phénomènes très analogues à ceux que la plante présente. A mesure que l'être s'élève dans l'échelle de l'organisation, le système nerveux se centralise davantage, et alors s'allongent de toutes parts ces cordons qui ont pour office de mettre le centre en communication avec la circonférence. La sensation et la volonté ont chacune un agent spécial, et des nerfs qui jamais ne se confondent transmettent, les uns, du dehors au dedans, les impressions qui se font sur les sens, les autres, du dedans au dehors, les ordres aux muscles qui obéissent. Bien plus, chaque fibre nerveuse primitive est affectée à un service déterminé, et le trajet entre l'encéphale et un point du corps, quelle qu'en soit l'étendue, est desservi par une seule fibrille, que ne peuvent remplacer les fibrilles parallèles et voisines.

Avec de nouvelles propriétés apparaissent des tissus nouveaux, car ces deux choses, propriétés et tissus, sont inséparablement unies. Il se fit une véritable éclaircie dans la science, quand Bichat, au sein d'une masse jusqu'alors confuse, établit ses mémorables distinctions. Aux yeux de ce génie, si heureusement doué pour les explorations biologiques, apparurent les analogies caractéristiques, et il put résoudre le corps vivant en un assemblage de tissus pourvus d'une organisation et d'une fonction spéciales. Quelques transformations qu'ils subissent, il les suivit partout. La méthode comparative, qui est l'instrument principal de la biologie, se trouva bien plus puissante, et sans retard elle fit, dans la pathologie, mettre le doigt sur des solutions inespérées, montrant toute une classe de rapports complètement méconnus. Là ne s'arrêta pas l'effet de cette grande découverte. L'étude positive de la matière vivante acquit dès-lors une force irrésistible, et l'on se mit partout en quête des voies et moyens par lesquels s'effectuent les opérations dans les corps animés. Avec quel succès, c'est ce que peut témoigner chacun de nous qui avons commencé, il y a vingt-cinq ou trente ans, nos études. La science s'est, à la lettre, renouvelée sous nos yeux.

V. — DU SYSTÈME MUSCULAIRE

A côté du système nerveux doué de la sensibilité, M. Müller place, dans son quatrième livre, le tissu musculaire doué de l'irritabilité. Tandis que le premier est sensible, c'est-à-dire accomplit, soit comme centre, soit comme conducteur, tous les actes, depuis la sensation jusqu'à l'intelligence, l'autre est irritable, c'est-à-dire se contracte et se raccourcit sous l'action des agents qui le stimulent. Son stimulant le plus ordinaire est le système nerveux, avec lequel il est en rapport par les cordons spécialement chargés de la conduite de la volonté. Tels sont les deux grands systèmes qui appartiennent en propre à l'animal. Si on y joint le tissu cellulaire, duquel le règne végétal est uniquement composé, et qui, sous diverses modifications, constitue la plus grande partie des organismes animaux, on aura partagé en trois fonctions capitales et en trois formes essentielles toute la nature vivante. Le tissu cellulaire est, comme le témoignent les végétaux, l'agent essentiel de la nutrition ; le tissu nerveux préside à tous les actes de la sensibilité, et la fibre musculaire, contractile, met l'animal en état d'exécuter ses volontés. Cette grande division, fondée aussi bien sur l'observation anatomique que sur l'observation physiologique, est devenue une des bases de la science, et ne peut plus être abandonnée. Cependant, à qui l'examinera de près, se présentera une difficulté qui fera soupçonner la possibilité d'aller plus loin. Le tissu musculaire et le tissu nerveux ne sont aucunement soustraits à la nutrition, et, tout en jouissant de propriétés spéciales, ils possèdent la propriété commune à toute substance vivante. Dès-lors on avait quelque droit de croire que le tissu cellulaire y pénétrait aussi, et, en effet, des savans avaient conjecturé qu'on parviendrait peut-être à démontrer l'unité fondamentale des trois tissus primordiaux. Cet espoir de l'esprit d'analogie s'est réalisé. Ce qui n'était qu'un simple aperçu a été constaté par l'observation anatomique ; on a vu, par l'intermédiaire de la cellule primitive, la fibre musculaire et la fibre nerveuse avoir une origine commune avec le tissu cellulaire. Au sein de l'ovule, où tout est confondu, naissent d'une substance identique les tissus spéciaux. Dès-lors, par une extension facile, on a fait entrer anatomiquement le règne végétal dans le règne animal, et il n'y a plus eu qu'un seul principe de développement, le développement par des cellules.

C'est un spectacle digne d'attention que celui qui nous est ici offert par l'histoire scientifique. Au début, les objets sont vus en bloc, et à peine dans le corps vivant distingue-t-on autre chose que des chairs, des veines, des os, la peau, des ligaments et quelques viscères. C'est là à peu près toute l'anatomie d'Hippocrate. Puis, à mesure que l'intérêt scientifique s'éveille et que les procédés anatomiques se perfectionnent, on se reconnaît dans cette masse confuse ; les parties sont séparées par une dissection attentive, et en même temps croissent les divisions anatomiques ; puis, après un très long travail dirigé dans ce sens, vient un génie qui saisit les communautés dans ces différences et réunit en groupes homogènes ce qui avait été disjoint. Dès-lors, la porte étant ouverte, la recherche atteint le dernier terme, et, à côté des dissections délicates et des subdivisions du scalpel, un physiologiste habile à voir et habile à généraliser, M. Schwann, établit dans l'identité du développement l'identité radicale des tissus vivants.

La publication du travail de M. Schwann est peu ancienne (1838), et déjà les idées qu'il énonce ont été adoptées par d'éminents physiologistes et sont acquises à la science sinon dans les détails et toutes les conséquences, du moins dans les principes et les données essentielles. Combien de nos jours est devenue rapide la vérification d'un fait scientifique ainsi que l'établissement de la théorie qui s'en déduit ! Autrefois les choses marchaient plus lentement. Que de temps n'a-t-il pas fallu pour faire prévaloir le système de Copernic et détruire l'illusion que causaient le mouvement apparent du soleil et l'immobilité apparente de la terre ! Que d'efforts pour chasser l'anatomie de Galien et placer les faits au-dessus de l'autorité ! Quand la circulation du sang eut été découverte par Harvey, quels longs débats avant que l'enseignement physiologique l'admît définitivement ! Aujourd'hui non-seulement les travailleurs sont plus nombreux, mais ils sont formés à une seule école, celle de l'observation, et ils ont un mode commun d'expérimenter et de juger. Aussi le procès est-il promptement terminé. La doctrine nouvelle, mise au creuset, ou n'en sort pas ou en sort vérifiée, avec des amendements, des restrictions, des développements, et dès-lors, reçue dans l'arsenal de la science, elle devient un instrument. On s'en sert pour entamer des filons encore inexplorés, car c'est ainsi que procède l'exploitation. On n'avance que de proche en proche ; jamais rien ne se trouve qui n'ait été préparé, et quand, du point de vue où nous sommes, le passé gisant déployé devant nos yeux, nous en étudions la formation, nous voyons manifestement tous les apprêts de la découverte, même la plus sublime, à tel point que, si elle avait échappé à l'homme de génie qu'elle honore, elle serait échue en partage ou à quelqu'un de ses émules ou à quelqu'un de ses successeurs. Cela rend particulièrement instructive l'histoire scientifique ; là les événements fortuits interviennent peu, l'enchaînement est palpable, tandis que, dans l'histoire générale, des perturbations profondes masquent le rapport des causes et des effets. Le fuseau de l'histoire scientifique se dévide d'une façon plus simple, et, en le voyant tourner ainsi avec régularité, on s'habitue à porter ailleurs la doctrine de l'évolution, doctrine ici tellement évidente. En outre, on reconnaît quelles profondes connexions a l'histoire politique avec l'histoire scientifique, puisqu'en définitive celle-ci modifie de siècle en siècle les opinions et la manière de voir des populations civilisées. Ce n'est pas pourtant qu'il n'y survienne des dérangements et qu'elle suive une ligne constamment ascendante. De même que des invasions de barbares ou des catastrophes politiques suspendent ou ralentissent la marche politique, de même des théories fausses, des faits mal observés, des autorités trop respectées, fourvoyant les travailleurs, suspendent ou ralentissent la marche scientifique.

On s'étonnera peut-être que M. Müller ait intercalé le système musculaire, c'est-à-dire l'agent de la locomotion, entre le système nerveux et les organes des sens. C'est qu'il le regarde comme une sorte d'appendice du système nerveux, admettant que la fibre contractile l'est seulement par sa jonction avec la fibre nerveuse.

La question est controversée entre les physiologistes ; bon nombre pensent que le muscle possède par lui-même la faculté de se contracter, et que la volonté, conduite par le nerf, n'est qu'un des stimulants propres à exciter la contraction. Pour moi, je partage cette dernière opinion, et dès-lors on comprend que, si elle était adoptée, elle entraînerait un autre arrangement que celui de M. Müller.

VI. — DES SENS

Le cinquième livre est consacré aux sens. On connaît la célèbre théorie qui a régné dans le XVIIIe siècle, et l'ingénieuse hypothèse qui, pourvoyant à fur et mesure, de chacun des sens, la statue humaine, lui recomposait tout son être intellectuel et moral. Rien de plus erroné : en vain ouvrira-t-on les cinq portes qui mettent en communication avec le monde extérieur ; cela ne créera point les facultés qui auront manqué primitivement. Les animaux qui occupent un rang élevé dans l'échelle ont les cinq mêmes sens, et pourtant quelle différence entre eux ! quels instincts divers ! et quelles parts inégales d'intelligence ! La physiologie a donné un démenti complet à la théorie de la sensation, et, quoiqu'il soit vrai de dire que des écoles philosophiques l'ont combattue et réfutée, il est vrai aussi que le vague des démonstrations métaphysiques laisse toujours place aux objections et aux dissentiments. L'impossibilité de faire un être égal à l'homme avec un singe, tout pourvu qu'il est de nos cinq sens, et la possibilité de donner une intelligence complètement humaine (comme cela s'est vu) à un individu privé de trois sens, l'ouïe, la vue et l'odorat, réfutent suffisamment les aberrations où était tombée la métaphysique à cet égard. Quand on cherche dans quelques formules logiques suggérées par l'esprit les explications des choses, on est perpétuellement exposé à méconnaître la réalité.

Ce n'est pas que les sens n'aient un certain rapport avec le développement de l'organisme ; les végétaux en sont absolument privés ; les animaux très inférieurs ne les ont pas tous, et la réunion n'en est complète que dans les classes supérieures. Toutefois ils n'auraient jamais suggéré l'idée, fondamentale en biologie, d'une hiérarchie des êtres. Il ne faut pas voir en cette idée quelque notion tirée de l'essence même de la vie et de laquelle il résulterait que les choses n'ont pas pu être disposées autrement. La hiérarchie des êtres vivants est une conception tout-à-fait empirique, un produit de l'expérience, une conclusion tirée des faits observés. On demandera peut-être à quels signes se reconnaît lequel de deux êtres vivants est supérieur à l'autre ; on se dira qu'au fond il n'y a nulle raison logique de mettre un animal au-dessus d'une plante, ou un mammifère au-dessus d'un crustacé. De raisons logiques pour établir un pareil ordre, il n'y en a pas ; mais il y en a de biologiques : le principe sur lequel repose la classification hiérarchique est celui de la division des fonctions. Plus les appareils se multiplient et se distinguent, plus haut est le rang de l'être ; au contraire, son degré est d'autant plus bas que les appareils se confondent davantage et diminuent en nombre. Dans le végétal, point de système nerveux, point de système musculaire ; tout est réduit aux organes de la reproduction et de la nutrition, et cette nutrition même, combien elle est simple, comparée avec ce qui est dans les animaux ! Tandis que le végétal prend directement au sol les substances alimentaires et les conduit par des canaux ramifiés dans tous les organes où elles se transforment en parties intégrantes, l'animal a un appareil de mastication, un appareil de digestion dans l'estomac, un appareil de chylification dans les intestins, et un système de conduits qui transportent le chyle dans le sang : tout cela, pour arriver au point où le végétal se trouve tout d'abord après la succion exercée par les radicules ! Que d'intermédiaires ! que de rouages compliqués ! que de division dans le travail !

De même, dans le règne animal, le système nerveux va se compliquant, et en même temps croissent les instincts, les passions, les facultés intellectuelles. De la sorte, l'anatomie et la physiologie (ce ne sont, à vrai dire, que les deux côtés d'un même sujet) marquent le niveau qu'occupe un être particulier dans la série vivante. Ce n'est pas que cette série fasse une ligne droite et continue ; mais, toute courbe et brisée, elle n'en représente pas moins un trajet où se placent les espèces par groupes différents. C'est un système dans lequel le plus ou le moins de complication décide du bas et du haut. La considération de la hiérarchie met aussitôt un terme à toutes les hypothèses biologiques : au-dessus et au-dessous, rien ne se peut raisonnablement imaginer, on ne saurait construire ni un animal au-dessus de l'homme, ni un végétal au-dessous du champignon ; mais, dans l'intérieur de la série, il est loisible de se figurer des êtres hypothétiques parfaitement en rapport avec les conditions de la vie. Je n'ai pas besoin d'ajouter que de pareils êtres n'auraient rien de commun avec les imaginations fantastiques des âges primitifs, où l'on voit, accouplées ensemble, des formes radicalement incompatibles. En un mot, la série organique donne à la fois toutes les réalités que le monde présente, et toutes les possibilités que l'esprit serait en droit de concevoir.

De cet arrangement systématique est née une question célèbre, à savoir s'il était vrai que tous les êtres vivants fussent construits sur le même plan. Dans l'hypothèse de l'uniformité de plan, il s'agit de retrouver, d'animal en animal, les organes correspondants. Ainsi, le bras dans l'homme, que devient-il chez les autres mammifères ? que devient-il chez les oiseaux ? que devient-il chez les reptiles et les amphibies ? On peut, jusqu'à un certain point, comparer cette recherche à l'étymologie. Si on demande l'étymologie du mot *jour*, on le rapprochera sans peine de l'italien *giorno*, mot où la prononciation fait entendre un *d*, et qui est identique au latin *diurnus* ; *diurnus*, à son tour, dérive de *dies*, et *dies* est congénère du *day* germanique de la langue anglaise ; dès-lors nous sommes amenés au mot sanscrit *div*, qui signifie *luire, briller*. De même, si l'on demande l'étymologie anatomique (qu'on me passe cette expression) du bras humain, on retrouvera sans peine cette partie dans le pied de devant des mammifères terrestres. Chez les mammifères marins, qu'on ne s'arrête pas à l'apparence, qu'on fende la peau qui recouvre leurs prétendues nageoires, et l'on y verra un humérus, un avant-bras et des doigts. L'aile des oiseaux, bien qu'elle s'éloigne davantage, est parfaitement réductible au type du bras. Bref, le fil de l'analogie ne se rompt pas, tant qu'on se tient dans le domaine des vertébrés ; mais, quand on passe aux invertébrés, les analogies perdent l'évidence, et enfin, dans le règne végétal (car il n'y a aucune raison pour s'arrêter aux animaux), toutes choses se confondent.

Quoi qu'il en soit de ces recherches difficiles, il est certain que des corrélations fondamentales lient entre eux les êtres vivants. Le végétal se retrouve tout entier dans l'animal : les innombrables cellules du poumon et les innombrables vaisseaux du chyle représentent, les unes le feuillage aspirant les gaz atmosphériques, les autres la racine aspirant les sucs de la terre. La fonction est semblable, et l'homme, en définitive, ne se nourrit pas autrement que la plante. Si le végétal explique toute la nutrition chez l'homme, les animaux intermédiaires, de leur côté, expliquent les fonctions du mouvement, de la sensibilité et de l'intelligence. En un mot, si, au lieu de comparer organe à organe (ce qui devient très difficile dans le passage aux invertébrés, et impossible dans le passage aux plantes), on compare les quatre grandes fonctions, nutrition, génération, locomotion et sensibilité, et les quatre grands appareils qui les desservent, on reconnaît partout l'analogie : l'animal se nourrissant et se reproduisant comme le végétal, et l'animal supérieur se mouvant et sentant comme l'inférieur. A ce point de vue, l'identité de plan est manifeste ; rien ne se nourrit que par la cellule primitive, rien ne se reproduit que par une scission, rien ne se meut que par la fibre musculaire, et rien ne sent que par la fibre nerveuse.

Cette identité est reconnaissable encore dans les périodes qui ont précédé notre histoire. L'histoire de l'homme, celle du moins dont il se souvient, ne remonte pas à une époque très reculée. Quelques milliers d'années, c'est là tout ce que donne la mémoire des peuples ; mais, en compensation de ces annales qu'on cherche vainement, on a trouvé des annales qu'on ne cherchait pas, celles de la terre. Nombreuses ont été les périodes qu'elle a traversées, profondes les modifications qu'elle a subies, diverses les races qu'elle a nourries. On aurait pu penser que ces populations d'un autre âge trancheraient radicalement avec celles des temps historiques. Il n'en est rien. Et pourtant, si l'on en croit tous les indices, les conditions du milieu différaient grandement de ce qu'elles sont aujourd'hui : une terre plus chaude, une atmosphère autrement composée, une distribution différente des eaux. Néanmoins l'organisation des êtres appartenant à ces antiques périodes est telle qu'ils viennent sans peine se ranger dans les classifications. Alors verdoyaient des fougères colossales, alors rampaient dans le limon des eaux d'énormes amphibies ; mais ces fougères et ces amphibies ne sont que des espèces à mettre à côté de celles qui vivent avec nous, et, si la curiosité a pu se figurer que de pareils êtres devaient être étranges et merveilleux, elle a été déçue. Cette découverte singulière et inattendue est venue donner à la science un point d'appui de plus, et montrer que, dans un passé lointain et sous des conditions notablement différentes, les propriétés de la matière vivante conservèrent leur identité. Telles nous les voyons, telles les virent des âges où peut-être l'espèce humaine n'existait pas.

Je ne quitterai pas ce chapitre sans indiquer une particularité très remarquable de l'histoire des sens. Les nerfs qui les desservent présentent une disposition anatomique respectivement différente, et, de fait, ils sont tellement spéciaux, qu'une excitation quelconque y produit l'impression propre à chacun. Je m'explique : si on fait agir l'électricité sur le nerf optique, on voit de la lumière ; si sur le nerf auditif, on entend un son ; si sur l'olfactif, on perçoit une odeur ; si sur le nerf du goût, une saveur ; si sur un nerf tactile, une douleur. Ainsi un même agent, ne possédant aucune des propriétés qui se perçoivent par les sens, développe, s'il est mis en contact avec le nerf de chaque sens, l'impression spéciale à ce nerf. De la sorte, on peut entendre toute espèce de sons sans aucun son effectif ; on peut voir toute espèce de lumière sans aucune lumière effective ; il suffit pour cela d'une excitation soit externe, soit interne. A la catégorie des excitations externes appartiennent des cas comme celui qui fut soumis à M. Müller lui-même : un homme, ayant reçu dans l'obscurité un coup sur l'œil, prétendit avoir reconnu le voleur à la lueur produite par le choc ; c'était une illusion, et une pareille lumière n'éclaire pas plus les objets qu'une douleur ressentie par moi ne cause de la douleur à un autre. La catégorie des excitations internes est importante pour la théorie des hallucinations, qui, à titre de communications avec un monde invisible, ont joué un grand rôle dans l'histoire passée. En définitive, plus on approfondit les conditions de la vie, plus on reconnaît avec quelle rigueur est appliquée la spécialité des organes et des fonctions.

VII. — DES FACULTÉS INTELLECTUELLES

C'est avec les facultés intellectuelles, objet du sixième livre, que M. Müller termine la section de la sensibilité ou fonction des nerfs. Ceci est un dernier terrain que la théologie et la métaphysique disputent à la biologie ; elles ont depuis longtemps abandonné tous les autres postes. L'astronomie a gagné sa dernière victoire lors du procès de Galilée, et elle n'a plus à craindre de retour offensif. La physique a également chassé toutes les notions imaginaires, et la foudre, que Boileau croyait encore une dispensation de la Providence, est un phénomène électrique tellement docile, qu'il se laisse guider par la pointe d'un paratonnerre. La géologie a reculé indéfiniment l'antiquité du globe ; loin d'avoir, comme le physicien florentin, un procès à soutenir et une amende honorable à faire, elle se voit courtisée, et l'on s'efforce d'accommoder ses périodes à un texte dont l'auteur semble avoir voulu prévenir toute interprétation en écrivant à chaque jour, *factum est vespere et mane*. La chimie a relégué au rang des chimères l'alchimie, qui en était véritablement la métaphysique. Enfin on délaisse les parties inférieures de la biologie, la nutrition, les maladies, même les maladies mentales ; on fait abandon des possédés et des démoniaques. Cette longue retraite de plus en plus ressemble à une déroute, et, comme dans l'histoire de l'expulsion des Maures hors de l'Espagne, la science positive, d'abord faible et cantonnée dans un domaine exigu, étend avec lenteur ses conquêtes ; puis, quand elle a fini par gagner une véritable puissance, ses progrès s'accélèrent avec rapidité. Les mathématiques ont été l'étroite localité, la région retirée d'où elle est partie pour gagner les plaines sous-jacentes, et déjà elle accule ses rivales à la mer opposée.

Nous sommes les témoins d'une de ces invasions, la biologie en venant à réclamer la doctrine des facultés affectives et intellectuelles. Si on lui conteste ce droit, la première réponse qu'elle ait à faire est celle de Diogène aux philosophes qui niaient le mouvement : Diogène marcha ; la biologie traite de l'intelligence et du moral de l'homme ; il n'est plus de livre de physiologie qui n'ait une section consacrée à cet objet. Ainsi se trouvent institués sur ce point, comme sur beaucoup d'autres, deux enseignements radicalement contraires, l'un positif, l'autre théologique ou métaphysique.

C'est sans aucun dessein prémédité que la biologie s'est ainsi étendue. La curiosité scientifique conduisit à agiter ces questions, qu'on voit poindre dès une haute antiquité. Démocrite s'en occupa, et, au dire de La Fontaine,

... Hippocrate arriva dans le temps

> Que celui qu'on disait n'avoir raison ni sens
> Cherchait dans l'homme et dans la bête
> Quel siège a la raison, soit le cœur, soit la tête.
> Sous un ombrage épais, assis près d'un ruisseau,
> Les labyrinthes d'un cerveau
> L'occupaient…

Ce sont, en effet, les labyrinthes du cerveau qui ont amené la physiologie sur le terrain de ce qu'on appelle dans les écoles psychologie. Sans s'inquiéter si la théorie des facultés mentales n'avait pas une solution complète dans les livres des théologiens et des métaphysiciens, sans y songer même, elle a édifié, conduite par le rapport des organes et des fonctions, une doctrine indépendante des doctrines reçues. Trois ordres de faits l'ont mise simultanément dans la voie. En premier lieu, la pathologie est venue apporter son contingent. Les lésions mentales qui suivent les lésions du cerveau, l'affaiblissement de l'intelligence dans l'apoplexie même guérie, le délire dans les inflammations des méninges, la stupeur dans la compression, sont des faits perpétuels. Et non-seulement les actions directement portées sur le cerveau le troublent, mais encore des influences réfléchies vont, des viscères abdominaux par exemple, gagner l'encéphale et déterminer un état mental tout particulier. Enfin différentes substances introduites dans l'économie pervertissent les facultés : tels sont le vin, le haschich, l'opium. En présence de ces observations, force a été à la physiologie de se demander quelles conditions règlent les manifestations du moral et de l'intelligence, et quelles causes y portent le trouble, laissant, bien entendu, la question d'origine et ne pouvant à aucun prix s'engager dans l'hypothèse qui place hors de l'organe la fonction. Une autre voie l'a conduite au même terme, à savoir la comparaison de l'état mental et de l'état du cerveau aux différents âges. Là en effet une correspondance se manifeste, du même ordre que la correspondance entre les lésions de l'organe et les lésions des facultés. C'est seulement par degrés que l'enfant acquiert les différents pouvoirs qui constituent l'adulte, et par degrés aussi le système nerveux, d'abord confondu sans distinction aucune dans la masse de l'ovule, se dégage, se dessine, s'accroît, et enfin se complète. L'âge auquel la formation et l'accroissement du cerveau marchent avec le plus de rapidité est l'époque de la vie où la somme d'impression que possède l'intelligence a le moins de solidité, une assez longue portion de l'existence ne laissant aucune trace dans la mémoire. Aucun effort ne pourrait arracher au petit enfant des actes intellectuels qui ne seraient pas de l'enfance, et le progrès des facultés est l'aiguille qui indique le progrès de l'organe. A l'enfant succède l'adulte, à l'adulte le vieillard, et alors tout avertit de la décroissance :

Ne te donna-t-on pas des avis, quand la cause
Du marcher et du mouvement,
Quand les esprits, le sentiment,
Quand tout faillit en toi ? Plus de goût, plus d'ouïe ;
Toute chose pour toi semble être évanouie ;
Pour toi l'astre du jour prend des soins superflus.
Tu regrettes des biens qui ne te touchent plus.

Là encore on a été amené à reconnaître une suite de phases, et dès-lors à constater une condition de plus qui coordonne avec l'état physiologique les manifestations mentales. Enfin les études de zoologie comparée ont contribué de leur côté à éclaircir les idées. Pour éviter l'argument inévitable qui se tire de la nature morale et intellectuelle des animaux, il n'aurait fallu rien de moins qu'accepter la fameuse hypothèse de Descartes, qui n'y voulut voir que de pures machines. A ce prix, l'argument tombait ; rien n'était à conclure des animaux à l'homme. Mais l'hypothèse cartésienne faisait trop de violence au sens commun pour avoir quelque portée. C'est au nom de ce sens commun qu'elle s'est attiré la critique de La Fontaine

L'animal se sent agité
De mouvements que le vulgaire appelle
Tristesse, joie, amour, plaisir, douleur cruelle,
Ou quelque autre de ces états.
Mais ce n'est point cela, ne vous y trompez pas.
Qu'est-ce donc ? une montre. Et nous ? c'est autre chose.

Et ailleurs
Qu'on m'aille soutenir, après un tel récit,

Que les bêtes n'ont point d'esprit.
Pour moi, si j'en étais le maître,
Je leur en donnerais aussi bien qu'aux enfants.
Ceux-ci pensent-ils pas dès leurs plus jeunes ans ?
Quelqu'un peut donc penser, ne se pouvant connaître.

L'hypothèse de Descartes n'aurait pas mérité d'être rappelée, si elle ne témoignait quel effort désespéré tenta le grand philosophe pour échapper à la conviction spontanée que fait naître le spectacle de la nature animale. Mais il faut rentrer dans la réalité et examiner quelles sont les facultés des animaux et quelle est leur organisation nerveuse. Or, de même que la pathologie a témoigné d'une relation entre la lésion organique et le trouble fonctionnel, de même que les âges ont montré les facultés se dégageant du sein de la cellule germinale et arrivant par des degrés successifs à l'état complet, de même aussi, dans la série des êtres, la nature animale croît et s'étend avec l'organisation. Si on appliquait à cette série animale le principe de ceux qui ont voulu faire de l'espèce humaine une catégorie à part, il n'y aurait aucune raison pour ne pas trouver je ne sais combien de tronçons. En refusant d'admettre que les parties communes fassent le lien, on sépare, par exemple, le poisson du mammifère. En effet, la nature est singulièrement brute dans le poisson : rien que les appétits de la nutrition et le degré d'intelligence nécessaire pour les satisfaire. Le besoin même de la reproduction n'entraîne pas les conséquences qu'il a dans d'autres êtres, et les petits éclosent d'œufs déposés dans un lieu favorable, sans que les parents en aient connaissance ni souci. Si l'on compare cette nature sauvage et stérile avec un mammifère, avec le chien, quelle différence ! Amour de la progéniture, soins pour l'élever, attachement à un maître poussé jusqu'au dévouement le plus absolu, aptitude à s'instruire, mémoire, combinaison d'idées. Ne semble-t-il pas qu'il appartient à une essence supérieure et totalement distincte ? Il n'en est rien cependant, et le fond intellectuel et moral du poisson est dans le chien, fond sur lequel se sont édifiées de nouvelles facultés. De même les appétits fondamentaux du poisson, les facultés plus développées du mammifère sont dans l'homme, et en plus une certaine somme d'aptitudes sans analogues dans le bout inférieur de la série vivante. Ajoutons qu'il offre une constitution cérébrale qui, elle aussi, a des parties sans analogue dans le reste des animaux.

Les éléments de doctrine s'étant ainsi accumulés, et convergeant vers une seule et même direction, un homme célèbre entreprit d'en tirer les conséquences qu'ils renfermaient. Gall rendit un éminent service à la physiologie cérébrale quand il plaça dans le cerveau non-seulement toutes les facultés, mais encore tous les instincts et toutes les passions. Une très ancienne doctrine, dont Aristote fut le défenseur, attribuait à d'autres organes diverses fonctions de la sensibilité. On avait départi à la poitrine et au ventre une part du moral. Or, rien n'était plus contraire à toute saine notion des tissus et de leurs fonctions, que de placer le siège des passions dans un viscère musculeux comme le cœur, et dans des viscères celluleux comme le foie et la rate ; c'était unir des choses incompatibles, confondre les propriétés, et commettre en physiologie une faute comparable à celle que commettaient en histoire naturelle les peintres et les poètes, quand ils mettaient une tête d'homme sur un corps d'oiseau. Là, Gall fut complètement dans le vrai. Quant à la localisation des facultés dans le cerveau, c'est une autre question. Je ne puis en dire que ce que j'ai dit de la gastro-entérite de Broussais, à savoir que c'était une hypothèse provisoire destinée à diriger les recherches et à être vérifiée ou rejetée par les faits. Or, les faits et la critique qui s'en est suivie n'ont pas été favorables, et il n'est pas une seule des localisations de Gall qui ait soutenu l'épreuve. Quelle qu'ait été, à lui, son opinion sur sa propre conception, pour nous ce n'est pas autre chose qu'une supposition indiquant une manière de traiter la physiologie cérébrale. Et déjà des mains plus sûres, poursuivant dans le cerveau le prolongement des nerfs, ont indiqué la région où s'arrêtent les sensations, et réservé d'autres parties aux facultés intellectuelles et affectives, traçant ainsi des localisations qui n'ont plus rien d'hypothétique. Gall a signalé le but, mais ne l'a pas atteint. Ce qu'on peut reprocher à ces deux hommes célèbres, Gall et Broussais, qui ont si puissamment influé sur le mouvement scientifique, c'est de n'avoir point eu une vue claire de leurs propres conceptions, et de n'avoir pas donné fermement comme une hypothèse ce qui, dans le fait, n'était qu'une hypothèse. Leur procédé, s'ils l'eussent ainsi conçu, eût été nettement scientifique. Des suppositions susceptibles d'être vérifiées sont toujours légitimes, et quand elles résultent, comme celles de Gall et de Broussais, d'une appréciation exacte du problème, elles interviennent dans la direction des idées, et, bien qu'improductives par elles-mêmes, elles fécondent pourtant le champ de la science.

VIII. — DE LA GÉNÉRATION

L'histoire de la génération clôt l'ouvrage de M. Müller. C'est la fonction par laquelle il y a des espèces, et qui, à côté de l'existence individuelle, établit une existence collective. Grace à elle, *stat fortuna domus, et avi numerantur avorum* ; grâce à elle, la vie soutient sur l'abîme du temps les races animées, comme la gravitation soutient sur l'abîme de l'espace les globes planétaires. C'est dans le temps que se meut la vie ; l'arbre, tout immobile qu'il est à sa place, n'en accomplit pas moins son voyage à travers les années et les siècles, et il va, lui aussi, de l'enfance à la décrépitude. Le temps est l'espace, si je puis m'exprimer ainsi, où agit la force vitale. Chaque existence individuelle croît d'abord avec une rapidité inouïe, se ralentit peu à peu, parvient à son point culminant, puis décroît de plus en plus rapidement, jusqu'à ce qu'elle rentre dans l'immobilité d'où elle était partie, décrivant ainsi une sorte de parabole dans le temps, comme les projectiles en décrivent une dans l'espace.

Quelque divers que soient les procédés de la génération, ils équivalent tous, en définitive, à une véritable scission. Ce qui arrive lorsqu'on plante un scion d'un arbre arrive aussi lorsque dans un animal un nouvel être se produit. C'est toujours la séparation d'une substance animée portant en elle la faculté de croître conformément au type de l'espèce. Ce caractère, digne de la plus sérieuse attention, est un de ceux qui appartiennent essentiellement à la vie, et qui la distinguent profondément de toutes les autres propriétés de la matière. L'organisme n'a pas seulement la faculté de s'entretenir jusqu'au terme fixé par les conditions individuelles ; mais il a aussi celle de déposer dans une partie de lui-même, bourgeon ou ovule, une aptitude à se développer. La fécondation, dans le règne vivant, n'est qu'un cas particulier. Chez les végétaux, et même chez certains animaux, les bourgeons ont la vertu de reproduire le type de l'espèce aussi bien que l'ovule fécondé. Le bourgeon et l'ovule ne sont que des cellules primitives, et, pour complément d'analogie, ces deux modes marchent d'un pas égal : dès que la plante pousse un rejeton, les germes des bourgeons prochains surgissent, et à côté de ceux de l'année présente on voit poindre ceux de l'année qui vient ; de même on trouve déjà dans l'ovaire de l'enfant les germes d'une nouvelle génération.

A la reproduction se rattache l'hérédité, faculté importante à connaître, importante à consulter. Jusqu'à présent elle n'est guère intervenue dans les relations des hommes ; seulement les médecins ont élevé la voix pour faire comprendre quelques-unes des conséquences qu'elle entraîne. De fait aussi, le sujet est peu étudié, et les principes en sont épars. On peut le recommander sans crainte à la méditation des biologistes ; certainement ils y trouveront de quoi récompenser leurs efforts.

L'hérédité se meut constamment entre deux influences, l'une qui tend à conserver le type de l'espèce, l'autre qui tend à le modifier. La première est la force déposée par l'organisme dans le germe ; la seconde se compose de toutes les conditions éventuelles qui agissent sur l'individu. Que l'on suppose des blancs s'établissant parmi une population noire, ou des noirs parmi une population blanche, et se croisant par les mariages. Au bout d'un certain temps plus ou moins long, les étrangers n'auront laissé aucune trace de leur passage, et cela se conçoit : le croisement dès la neuvième génération impliquera 256 individus, de sorte que le nègre ou le blanc qui aura mêlé son sang ne sera plus, au neuvième degré, que pour un 256me. Telle est la force que la tendance héréditaire à reproduire l'espèce possède pour effacer les variétés individuelles. C'est par là qu'un peuple, malgré le mélange des étrangers, garde son caractère national tant au physique qu'au moral ; au bout d'un certain intervalle, ces étrangers, quelque type qu'ils aient apporté, se sont fondus dans la masse commune, et cessent d'y être reconnaissables. Il faudrait que l'immigration fût très considérable pour qu'il se formât un type conservant des caractères apparents d'hybridité.

D'un autre côté, le croisement des races, les conditions du sol, le genre de nourriture, les professions, en un mot les mille accidents de la vie, créent des variétés qui, à leur tour, ont de la tendance à se perpétuer par la génération. La cause qui les fait disparaître indique suffisamment quelle sera la cause qui les fixera. Si en se croisant elles se résolvent nécessairement et s'effacent, en ne se croisant pas elles se maintiendront et finiront par devenir permanentes. Ainsi on a fixé des variétés végétales qui s'étaient produites ; ainsi on a obtenu des moutons et des bœufs pourvus de qualités spéciales ; ainsi, enfin, on a établi le cheval anglais. Il suffit de clore le cercle des alliances pour donner de la permanence à des états qui autrement seraient transitoires et disparaîtraient à la seconde ou à la troisième génération ; il suffirait, pour les détruire, d'ouvrir le cercle fermé et d'introduire cette sorte de peuplade étrangère dans le sein du reste de la population ; elle s'y fondrait bientôt, et toute trace en serait effacée, car c'est à grand labeur que l'homme maintient les créations de son industrie contre les tendances puissantes des agents généraux, toujours prêts à reprendre le dessus : situation comparée admirablement par Virgile à celle du marinier qui remonte le courant d'un fleuve ; pour peu qu'il se relâche et suspende ses efforts, l'onde qui suit sa pente emporte la nacelle.

En pathologie, l'hérédité transmet les dispositions maladives, et c'est de la sorte que tant de maux passent des parents aux enfants. Parmi les douloureux spectacles que le monde présente, un des plus pénibles est celui de ces petits êtres entrés dans la vie pour devenir la proie des plaies, des distorsions et des mille tortures qu'infligent les scrofules et la phthisie héréditaires. A la vue des cruautés humaines qui s'étendent jusque sur l'enfance, l'auteur de *la Pharsale* s'est écrié : *Crimine quo parvi coedem potuere mereri* ; et après lui un harmonieux écho a répété :

Hélas ! si jeune encore,

Par quel crime ai-je pu mériter mon malheur ?

Vaine enquête, plainte inutile ! Les combinaisons qui règlent les affinités dans les corps vivants ont voulu que, sous l'influence d'une mauvaise nourriture, d'une habitation humide, d'un travail forcé et parfois aussi de conditions inconnues, l'affection tuberculeuse ou scrofuleuse se développât chez les parents. De là les souffrances des enfants ; voilà le *crime* qui leur vaut une existence courte et douloureuse. Telle est l'ignorance, que ce danger si grand, qui compromet à chaque instant les familles, n'est l'objet d'aucune précaution. Ni les institutions publiques, ni la prudence particulière n'interviennent pour prévenir tant de maux. Je sais tout ce que commandent de réserve les sentiments humains ; je sais qu'une pareille question ne peut pas être traitée au point de vue purement médical. Cependant, quand on considère avec quelle attention les intérêts pécuniaires sont consultés dans les unions, on peut croire que des intérêts encore plus grands, ceux de la santé, ne le seraient pas moins, si la fatalité cruelle qui s'attache à l'hérédité était mieux appréciée.

La transmission héréditaire des dispositions acquises est un fait qui éclaire la question des races humaines. En embrassant l'histoire des races dans son ensemble, on ne voit aucune raison de ne pas admettre, pour toutes, le développement par l'intermédiaire de l'hérédité, puisqu'en définitive c'est par cet intermédiaire que des races blanches se sont élevées à la civilisation. Il fut un temps, qui même n'est pas très reculé, où les aïeux des Allemands, des Français, des Anglais, vivaient dans une condition à demi sauvage. Combien cet état dura-t-il ? L'histoire ne le dit pas ; mais certes bien des siècles s'écoulèrent sans que rien vînt modifier l'uniformité des mœurs et la monotonie des forêts primitives. La masse de populations répandues depuis le Volga jusqu'aux Alpes, jusqu'aux Pyrénées, jusqu'aux Îles Britanniques, demeura immobile des milliers d'années ; et peut-être encore aujourd'hui les druides sacrifieraient des hommes et cueilleraient en grande pompe le gui dans les bois consacrés du pays chartrain, si la conquête romaine n'était venue changer l'avenir de ces peuples. Néanmoins la transition ne fut pas subite. Il fallut des siècles pour transformer des Gaulois et des Bretons en Romains, et, quand les Germains se furent répandus sur l'empire, il fallut des siècles encore pour qu'ils fussent absorbés par la vie civilisée. De même, les populations sauvages du Nouveau-Monde et de l'Océanie se sont montrées longtemps rebelles aux tentatives civilisatrices, ne gagnant que peu à peu l'aptitude à s'approprier des idées générales et abstraites ; de même encore, les nègres, dans les possessions européennes, commencent (et sous quel régime s'est faite leur éducation !) à grandir dans l'humanité, et la république qu'ils ont fondée, n'allant pas bien, ne va pas plus mal que tel état du Nouveau-Monde. Aristote disait, il y a près de vingt-deux siècles, que certaines populations ont la destination de fournir des esclaves, étant dépourvues des qualités supérieures qui font l'homme libre et propre à se gouverner lui-même. Ces populations de race pour lui naturellement servile étaient les Scythes et les Celtes, c'est-à-dire les ancêtres des nations aujourd'hui les plus cultivées. Le temps a cassé l'arrêt du précepteur d'Alexandre, et déjà le temps casse l'arrêt de ceux qui ont frappé d'autres races d'une incapacité absolue.

IX. — CONCLUSION

Une matière douée d'une force spéciale, la vie ; ayant la faculté de se nourrir, de se reproduire et de sentir ; se nourrissant par un mécanisme identique dans toute la série des êtres animés, c'est-à-dire par une cellule capable d'absorber, de modifier et de rejeter certains éléments ; se reproduisant, dans toute la série aussi, d'une manière analogue, par la scission du jeune d'avec le parent ; jouissant, chez les animaux exclusivement, de la sensibilité et de la locomotion à l'aide de deux tissus, la fibre nerveuse et la fibre musculaire ; se déployant en une succession de combinaisons depuis la plante jusqu'à l'homme ; soumise, dans cette longue chaîne, à des conditions de structure qui lient le végétal à l'animal, et l'animal inférieur au supérieur ; allant dans l'échelle de la vie depuis l'organisation la plus obscure et la plus simple jusqu'à la plus complexe, et dans l'échelle des âges depuis l'ovule, où tout est indistinct, jusqu'à l'adulte le plus complet, jusqu'à la vieillesse et à la mort ; n'agissant que conformément aux lois qui résultent de la nature de la force vitale et de celle des éléments intégrants ; produisant des actes d'autant plus nombreux et plus étendus que l'organisme est plus compliqué ; en revanche, sujette, en raison même de cette complication, à d'autant plus de dérangements et de maladies ; modifiable dans des limites très étendues à cause des composés multiples qu'elle emploie ; portant l'empreinte des climats, de l'air, de l'eau, du sol, de l'élévation au-dessus des mers, et l'on pourrait dire, si on avait le moyen d'étendre la comparaison jusqu'aux autres corps célestes, de la planète même : tel est l'ensemble, telle est la vue générale de la biologie.

Toute science a sous elle des arts qui en dépendent et qui ne peuvent se passer de ses lumières. De la biologie relèvent, en premier lieu, la médecine ; en second lieu, l'art vétérinaire, qui, bien cultivé, doit être d'un si grand secours à la médecine, à cause de la facilité d'expérimenter ; en troisième lieu, l'agriculture, l'élève des bestiaux, l'art du forestier, la culture des jardins, lui empruntent des notions essentielles. De plus, ainsi que M. Comte l'a démontré, la biologie est à la science sociale ce que la chimie est à la biologie elle-même : elle fournit les bases et les conditions. J'ai moi-même fait ressortir çà et là, dans le courant de ce travail, quelques points essentiels par où elles sont dépendantes l'une de l'autre. Il n'est pas de science sociale sans une connaissance réelle et profonde de l'être humain, de ses tendances nécessaires, des voies qui lui sont ouvertes et de celles qui lui sont fermées. C'est contre ces données fondamentales si souvent méconnues qu'est venu échouer ce qu'il y avait d'impraticable dans chaque système politique, à quelque mobile qu'il se soit adressé. Voilà donc le vaste domaine qu'embrasse la physiologie ! Certes, quand, mus par une curiosité instinctive, quelques hommes s'avisèrent de jeter le regard sur l'organisation des animaux et spéculèrent sur les résultats de leurs observations, il était peu facile de prévoir que d'aussi grands intérêts étaient engagés dans des recherches en apparence frivoles et stériles. C'est une importante leçon donnée par l'histoire ; elle nous apprend que le vrai doit toujours être poursuivi pour lui-même, et que nul ne peut prévoir les services qui seront rendus. Ceci soit dit pour ceux que les applications préoccupent surtout, car, en réalité, une disposition native que nous révèle une étude bien faite de la physiologie cérébrale entraîne les hommes vers la recherche du vrai en soi, sans aucun souci de l'utile, et est la source d'où ont découlé toutes les sciences.

L'enchaînement des lois biologiques, les arts même qui en dérivent, la possibilité de modifier à coup sûr les organismes, tout cela définitivement a ruiné la doctrine des causes finales, qui, chassée des autres sciences, prit si longtemps refuge dans la structure des corps vivants. Ne parlons donc pas des explications parfois ridicules où elle conduisit de bons esprits, par exemple celle-ci : un physiologiste renommé du XVIIe siècle loue la Providence de ce que l'opération de la pierre peut être pratiquée sans que le patient soit rendu impuissant ; si la Providence est louable en ceci, elle le serait bien davantage d'avoir disposé les choses de manière à prévenir une opération aussi douloureuse que la taille. Encore une fois, laissons dormir ce passé. C'est une des grandes œuvres de la science positive d'avoir chassé de partout ces intentions prétendues et substitué le fait à l'hypothèse.

Une fois, que cette notion fondamentale est acquise et que toutes les forces qui meuvent notre monde ont été aperçues, le point de vue change ; l'ancien effroi et l'ancienne admiration se dissipent, et l'on juge le spectacle qui nous entoure. Alors il est possible à la critique de passer des travaux et des conceptions humaines à la constitution même du monde. Sans doute, à un certain point de vue, il importe peu que les choses soient disposées d'une façon ou d'une autre, et quand la terre tremble, engloutit les villes, lance des laves brûlantes et déplace la mer, il n'y a là, en définitive, que le jeu du calorique, de l'élasticité des gaz et de la pesanteur ; mais c'est justement parce que les choses sont ainsi disposées que la critique peut s'appliquer à leur arrangement. Ce qui est arrivé sur le chemin de fer de Versailles ou celui de Saint-Étienne se reproduit sans cesse dans le conflit des forces cosmiques. L'eau manque, la vapeur fuit, la barre de fer se rompt, le wagon sort des rails, les locomotives se heurtent, l'incendie s'allume, les voyageurs sont écrasés ou brûlés. Tout cela sans doute est l'effet nécessaire des propriétés de la matière ; mais certainement le mécanicien serait autrement habile et puissant s'il lui était donné de rendre impossibles de pareils accidents. Toute perturbation dans un système indique que des propriétés de la matière et non des intentions finales sont en jeu ; or, le système du monde est plein de perturbations d'autant plus nombreuses et profondes, que la complication des agents est plus grande. C'est ainsi que les dérangements et les irrégularités, peu considérables entre les corps célestes, arrivent au plus haut point dans l'organisation des animaux. Tout gît dans les conditions auxquelles les choses sont soumises. Assis quelques moments sur le bord de la mer, on peut voir la vague se soulever, l'eau tomber sur la rive, la barrière de galets s'ébranler, l'écume légère s'en aller en flocons, et tout cela sous l'impulsion du vent qui fraîchit ; de même on peut, s'absorbant dans sa pensée, contempler le tumulte éternel des existences sous l'impulsion des forces élémentaires.

Certes, il serait aussi ridicule d'assombrir le tableau de la situation de l'homme que de s'extasier devant la bienveillance de la nature. Le soleil luit et échauffe, la terre est verdoyante et parée, et quand, descendant avec elle la pente du soir, vers nous arrivent la nuit sombre et cette scène étoilée toujours nouvelle à voir, alors un esprit contemplatif est saisi d'un ravissement suprême. Mais le soleil brûle et dévore ; le sol est sablonneux et stérile, et notre planète ambulante tourne obliquement, mal protégée, comme le prouvent les régions polaires, par son atmosphère et son soleil contre le froid de soixante degrés qui occupe les espaces interplanétaires. En un tel état, ce qui importe, c'est de connaître les conditions du monde pour, suivant l'occurrence, s'y résigner ou s'y accommoder, les atténuer ou les utiliser. La biologie intervient pour sa part dans cette œuvre ; elle dissipe bien des illusions et met à néant bien des sophismes. Elle, qui démontre que la théorie du XVIIIe siècle touchant la sensation est fausse en fait, démontre aussi que la théorie de l'intérêt bien entendu l'est également. L'être humain porte en soi des dispositions morales innées qui règlent le gros de la conduite. Ce sont elles qui, instinctives et inaperçues, ont spontanément fondé et entretenu les sociétés passées ; ce sont elles qui, améliorées dans le cours de l'histoire, garantissent, malgré le désarroi des esprits et la ruine de tous les vieux étais, la société présente. En terminant par cette remarque, je ne m'écarte point de mon sujet, car ici je me suis proposé principalement de relever l'importance philosophique de la biologie.

ISBN : 978-1976349195

www.ingramcontent.com/pod-product-compliance
Lightning Source LLC
Chambersburg PA
CBHW050245230526
45470CB00005B/2112